GA流量預測大揭祕

輕鬆學會MarTech演算法

梁崴、鄭江宇 ———— 著

五南圖書出版公司 印行

▌作者序 PREFACE

在過去，我們會認為需要寫到程式碼或需要會分析數據的職業只有特定幾種，例如：寫遊戲的工程師、分析股票的分析師。不過現在，隨著 AI 的進步，隨著許多科技巨頭的證實，人工智慧早已能被應用在任何職業，無論你是在醫學領域、工程領域，還是在我們所謂「第一類組」的行銷、商學領域，人工智慧皆早已巧妙地進入你我生活。

然而，在人工智慧降臨的世代，你準備好了嗎？

本書將著重於結合當今行銷人才必備的分析技能（使用 Google Analytics 網站數據分析工具），以及時下最熱門的人工智慧演算法（使用 Python 程式語言），帶給讀者一個分析數據的全新角度。正在閱讀本書的你，無論你是行銷人才、各單位主管或是有心想創造與同儕差異的讀者，是否常常在公司閱讀一份報表時，僅能片面地解讀及闡述每個欄位的數值？或是想要找出些不一樣的分析角度卻又看不出來呢？那麼，你選這本書就對了！

本書不同於其他的工具書一般厚重，我們把它定義為「類工具書」。在本書，不會過分地探討特定專業知識，我們將用淺顯易懂的方式讓你了解身為商學、行銷領域一分子的你，在這個世代該具備的技能及思維，同時透過一些簡單的程式碼進行分析工具的舉例以及分析結果展示。不過各位讀者也別擔心，在本書的每一個工具，無論是從 GA 架設到報表產出，或是 Python 人工智慧演算法製作，我們都將會拆解每一項步驟並仔細說明。

期待各位讀者閱讀完本書後，能夠如虎添翼，創造與隔壁同事的差異化！

目錄 CONTENTS

作者序

第一章　數據解讀成為生存之道

一、網際網路是一切的起源　007

二、架設網站仍然是主流　009

三、線上市場 vs. 線下市場　011

四、優化網站是遲早的事　013

第二章　GA4 歷史資料提取

一、為什麼要透過 GA？　017

二、GA4 流量存放概論　020

三、安裝 GA4　025

四、GA4 流量提取與存放方式　033

第三章　行銷演算法

一、演算法是什麼？　071

二、行銷演算法又是什麼？　072

三、監督式 vs. 非監督式　073

四、監督式 MarTech 演算法　075

五、非監督式 MarTech 演算法　110

第四章　UI 介面

一、Python 安裝　160

二、VScode 安裝　165

三、打造戰情數據儀表板　171

第五章　結語

數據解讀成為生存之道

一、網際網路是一切的起源

在科技變化飛快的世代，人手一機已成為常態。以前，社會大眾所使用的手機多半是有著按鍵形式的手機，因此也被現代人嘲笑是**智障型手機**。然而，在 15、16 年前左右，隨著當代科技巨擘「Apple」推出了跨世代產品——iPhone 過後，各手機大廠也漸漸將自家手機產品推往「零按鍵」的方向前進，進而使**智慧型手機**這個專有名詞誕生。

隨著科技技術的進步，除了智慧型手機樣式越來越多元之外，市場上也漸漸衍生出了許多意想不到的智慧型裝置，例如：極薄的筆記型電腦、貼近生活的智慧型穿戴裝置等等。這些智慧型裝置在當今被廣泛應用在各個產業，例如：智慧型手錶的出現，使健康醫療及運動產業在健康活動追蹤這項技術上有了重大的突破；AR(Augmented Reality) 眼鏡及 VR(Virtual Reality) 眼鏡的誕生，對於影視設計及遊戲產業有了非常大的幫助。

但這些智慧型裝置究竟為什麼智慧呢？它們究竟為何如此地強大呢？原因其實很簡單，因為當你擁有並且使用了智慧型裝置，就彷彿請了一個小祕書，這個小祕書可以幫你記錄下個會議的時間、可以叫你起床、可以提醒你該吃藥了，它甚至還能陪你度過無聊的時光。

而這些裝置從以前厚重的外表，到現在輕盈的身軀；從以前只有單一的功能，到現在擁有了眾多且強大的功能，這些轉變不僅僅是硬體技術的改良而已，其實在這一路走來，能讓智慧型裝置如此強大並且持續發展的最大功臣，莫過於**網際網路**的出現。

在網際網路誕生的一開始，它只被用在西方國家的軍事通信上，不過

也因為是被用在軍事通信上，網際網路的商業價值能夠凸顯得更搶眼，因此開始被一些企業家重視，並逐漸發展成為當前數一數二普及的「民生必需品」。

而智慧型手機的成功，有一大半都必須歸功於網際網路的成熟。以通信為例：在以前，我們要聯繫親朋好友，都必須透過寫信的方式，將寫好的信拿到郵局寄出，過了兩三天甚至一個禮拜後對方才會收到，若是要接收到對方的回信，那麼以上的流程可能又要再跑一遍，這樣下來或許收到對方的隻字片語時，早已過了大半個月。而在十幾二十年前手機誕生之後，要聯繫親朋好友只需要在手機上透過寄送簡訊的方式就可以讓對方即時收到你想表達的話語，對方甚至還能夠給你即時的回覆；雖然每一則訊息都要價不菲，但比起先前等待收信的時間成本而言，對一些經商或是有急事需要傳達的人來說，已經是相當划算的選擇了。然而，在網際網路出現之後，以上的時間成本、寄送簡訊的金錢成本幾乎可以化為零了。你只需要連上網路，並透過社交軟體，就可以免費傳送訊息或是以視訊的方式聯繫你想聯繫的人了（前提是對方沒有封鎖你）。

網際網路發展至今，它的用途不僅僅只有聯絡他人的功能而已，這幾年也陸陸續續發明出了一些與網路連接相關的技術，例如：物聯網 IoT(Internet of Things)。當今物聯網技術的蓬勃發展，讓你可以對著你的藍牙喇叭呼喊：「嘿！關閉窗簾！」這樣一來你的窗簾就會自動拉上了；你也可以人在台北，透過手機 App 的特殊操控器，對遠在台東顧家的狗狗們「餵飼料」。然而，網際網路的功能也不僅限於日常生活。世界首富同時也是特斯拉電動車創辦人──Elon Musk，他曾經在烏俄戰爭中，透過自家公司所研發的低軌衛星網際網路發射器，幫助了被斷網的烏克蘭。由此可知，隨著網際網路的技術不斷突破，網際網路的用途也被廣泛應用在日常、工作、戰爭等等。因此，若要說網際網路是當今人類的「生活必需品」，肯定不為過吧！

除了上述網際網路在日常生活中扮演的角色以外，其實還有各種類似甚至更新創的利用網際網路的商業模式，正在你我之間進行著。而在疫

情肆虐全球的近幾年，居家上班、居家上學、居家隔離等等的居家生活已成為一種新趨勢。在這種「關在家」的日常中，若想要知道當今社會發生的大小事、想知道親朋好友是否一切安好、**想要不出門就可以進行購物**等等，那麼網際網路顯然是當代的生活必需品了。

　　而在疫情籠罩全球的居家生活時光下，除了維持生計所進行的工作型態改變以外，**網路購物**成為了時下最新的潮流，根據 ShopLine Trends 的台灣疫情消費趨勢報告指出，因為疫情的關係，消費者的上網比率在各個年齡層都有增加，而在網路服務受疫情影響之使用程度分析結果中，「餐飲外送」、「行動支付」、「網路購物」位居前三名，其中消費場域的轉移是最明顯的變化（線下購物變為線上購物）。

　　透過眾多研究調查可以知道，隨著疫情所展開的網購風潮，徹底激發了消費者在網路上購物的種種潛在因子，也正因如此，網路購物行為勢必會與實體購物行為形成一種「雙主流」的現象。然而，要如何在無遠弗屆的線上市場中占有一席之地，顯然成為當今企業最需要重視的問題。

　　因此，既然了解網際網路在這個世代擁有了極高的商業價值，也了解網路購物行為在未來勢必會成為消費者另一種主流的習慣後，那麼就該採取行動進入網路市場了。

二、架設網站仍然是主流

　　不管是販賣商品的廠商、提供服務的服務業或是傳遞資訊及知識的部落客等等，想要打入線上市場無非就是要有個專屬於自己的網站。但或許你會心想：「想要在網路上賣東西，只要在電商平台（蝦皮、PChome 等等）上註冊，並把商品丟上去就可以販售了，為什麼還需要架設一個網站呢？」

　　隨著當今網際網路的發達，透過將自家商品投放至電商平台的這種做法，確實可以讓商品的曝光度隨著上架在知名電商平台上而提升許多，因此若你只是有時會想販賣自己使用過的二手商品的賣家，將這些產品投放

至電商平台似乎是一個不錯的選擇，反而對你來說架設一個網站的成本確實入不敷出。

但對於那些想從實體市場打入線上市場的企業及品牌，又或者對想在網際網路市場占有一席之地的企業品牌來說，這樣的做法卻無法使他們徹底轉型。

依賴電商平台的好處包括：可以省去開發網站平台的成本、能降低維護及管理平台的作業程序，甚至可以藉由大型電商平台顧客的造訪量提升自家商品曝光程度。其實還有其他種種因素會促使你選擇在電商平台上架商品，但當一個品牌依賴電商平台，所犧牲的便是賣家的自主性。

若一個企業只透過上架自家商品在能讓眾多品牌進駐的電商平台時，這個品牌便無法在該平台上顯明自有品牌特徵、無法獲得消費者的造訪資訊、無法自行設計客戶服務的機制，只能被動地靜待消費者上前瀏覽商品，這些種種的限制造成了想轉型至線上市場的品牌在行銷上面的困難，因此許多中小型電商都希望能夠架設專屬於自己的網站，形成一個「獨立品牌」。擁有獨特及顯明的品牌特徵會是企業在線上市場致勝的關鍵，它能讓消費者更好地記住這個品牌、讓消費者在向他人分享這個品牌時有一個更加完整的介面，因此擁有「獨立官網」是構成品牌的重要環節。

依賴電商平台的好處：
- 進入的門檻低
- 費用較為低廉
- 省去網站修復的成本
- 降低繁瑣的商品上架程序
- 可藉由電商平台海量的訪客提升自家商品的曝光度

成立「獨立官網」的好處：
- 可彈性設計網站樣式
- 可設計專屬客服制度
- 較能培養忠實顧客

- 較可利用廣告投放方式行銷自家品牌
- 能與其他品牌產生差異化
- 避免削價競爭

　　由此可知，若你想掌握線上消費者的流量、想在線上市場打出一片天的話，最好的選擇就是創立一個獨立的網站並且親自管理，這種做法雖然技術門檻較高，但卻能有效留住訪客的資訊，而這項要素對於品牌行銷人員來說無疑可以創造出更多行銷手段。

三、線上市場 vs. 線下市場

　　然而，想要成功地讓自家品牌在線上市場裡闖出一片天，並非靠著架設一個網站就完事了，線上市場與線下市場最大的不同，就是線上市場無法如同線下市場一樣，讓消費者親自去體驗商品。在傳統的線下市場裡，影響消費者的購買決定很大一部分是透過觀察眼前商品符不符合自己的期待，若該商品很符合自己的需求，那麼其他因素，例如：店面是否華麗、排隊動線是否方便、店員的服務態度是否友善等等，對於影響消費者購買與否的程度就會大幅降低。

　　反之，在線上市場，消費者因為無法在購買前親自感受到商品及服務的「溫度」，因此消費者在網站上的「消費體驗」對於他的購買決策就會有很大程度上的影響。舉例來說，若消費者在進入你的網站時，點擊網址後 30 多秒卻仍然載入不了你的網站，大部分的消費者就會直接中斷他在你的網站上購買商品的想法，直接前往另一個品牌的網站瀏覽商品；若把這個事件聯想到線下商店的情景時，那就是當消費者想進入你的商店逛逛，但你商店的自動門因為故障而無法開啟，此時顧客不會等你修好自動門，他們會直接離開並前往隔壁的店家瀏覽商品。

　　再舉一個例子，假設消費者想要在你的網站上使用你發行的優惠代碼來進行購物上的折扣回饋，但他卻始終無法在你的網站內找到優惠券領取區，在這個時候他可能會想聯絡該網站的客服，並詢問優惠代碼的使用

方式及領取所在，此時，若你的網站沒有將客戶服務聯絡方式放置在明顯位置，或甚至沒有提供客戶服務，那麼即使該網站的設計好不容易將消費者導入至結帳介面了，此時消費者也很有可能就此打住，另尋他處進行購買。

其實在線上市場裡還存在著許多的例子，例如：網頁讀取的速度、消費者瀏覽網站的動線合不合適、有沒有明確的客服聯絡方式、商品分類會不會不清楚等等。不過從上述這兩個簡單的例子就可以知道，線上商店管理者必須了解，當自家網站沒有設計好，消費者便有很大的可能在完成購物前的任何一個階段離開你的商店，並終止購買程序。

另外，線上市場不像線下市場可以一季或半年一年地去調整銷售策略及店內動線規劃。線上市場的市場反應比起線下市場來得即時許多，也因為線上市場無法讓線上店員（網站管理者以及客服人員）與顧客進行即時的互動，因此必須時時刻刻去調整自家網站，以確保來訪網站的消費者，都有確實達成他們造訪網站的目的。若隨時關注訪客在自家網站上的造訪足跡，便能有效地去改善自家網站，進而提升訪客及消費者的忠誠度。

最後，在線上市場裡，無論是優質還是劣質的網站，只要提出網站申請並且經搜尋引擎審核通過，那麼與你販賣同類型產品的那些網站都會成為你的競爭對手（雖然目前主流搜尋引擎 —— Google 會在網站架設人員將網站架設至 Google 搜尋引擎內時先進行初步的審核，不過因為審核的條件不高，只要符合條件就可以被收錄在 Google 的搜尋引擎內）。因此若想在線上市場裡與競爭者產生差異化並占有一席之地，無非就是不斷地優化自家網站，使得無意或刻意前來造訪你網站的訪客，滿意於你在這個網站所設計的消費者體驗流程，以增加顧客購買及回購的機率，提升顧客的忠誠度，進而不斷地提升品牌知名度。

線下商店的優點：

- 可以很直觀地享受購物過程
- 店員能給予顧客即時的互動

- 消費者完成購買後可即時獲得商品
- 退換貨機制較爲單純，無須長時間等待
  線上商店的優點：
- 可提供較完整且一致的商品訊息
- 毫無限制消費者的所在地
- 有效節省消費者的時間成本
- 可以較明確地記錄消費者的購物流程數據

四、優化網站是遲早的事

　　前面有提到，無論你是想要轉型至線上市場的企業，還是想開拓線上市場的新創網路品牌，架設一個專屬於自己的網站是最理想的狀態。而在前一部分除了解釋架設獨立官網的重要性，也說明了唯有不斷優化自家網站才能將自己的品牌特徵顯明出來，並且與其他競爭者產生差異化，進而在該領域的線上市場占有一席之地。

　　然而，要進行「優化網站」其實有千百種方式，從最表層的網站優化，如網頁主視覺的定調，一直到深層的網站優化，例如：SEO(Search Engine Optimization)，都是網站優化的方式。且不同的網站優化方式都有其優缺，而品牌對於在不同時期的企業規模、行銷時段甚至是預算考量，都會各自對應到合適的網站優化方式。因此，沒有所謂最優、最有效的網站優化方式。不過這些方式都是用來進行網站優化的一種工具而已，網站優化的真正內涵應該被解讀爲以下四步驟：

Step 1　觀察並監測網站
Step 2　解讀網站數據
Step 3　擬定優化策略及方法
Step 4　進行網站優化＆發揮網站最大價值

　　第一、第二步驟應該很好理解，我們若要針對一件事情提出改進的方式，或想一些進步的對策，那麼我們一定要「回頭看」，唯有了解過去

自身的不足，我們才能針對這些痛點加以改進，尤其在線上市場更是。在線上市場，企業主無法清楚地看到顧客的樣貌，無法透過親切的談吐了解顧客的喜好，因此只能透過客戶在網路上留下的足跡加以判斷他們未來可能的行為、對品牌的忠誠度等等，而這些客戶所留下的資訊即是「網站數據」。

而上述網站優化「工具」的選擇，是屬於此 SOP 內的第三步驟「擬定優化策略及方法」。不過在這個科技發達的世代，網站的出現也不是一天兩天的事了，且在市面上除了線下的實體課程，一直到書籍、線上課程，都可以看到琳琅滿目的網站優化教材。

因此，在唾手可得的學習資源下，學習如何優化網站已不是一件困難之事，由此可知，優化網站已成為擁有自家網站的品牌必然會做的一件事了，不過若要再於「網站優化」這個點與其他競爭者產生差異化，那必然得花上更多的金錢及精力。所以，雖然網站優化固然重要，但本書並不會著重在這上面，而是會帶領讀者思考第四步驟的後半段「發揮網站最大價值」，並實際操作該面向的視野：**透過分析網站上的數據並以視覺化方式呈現，藉以輔助行銷人員制定網路行銷策略。**

那麼我們該如何發揮網站的最大價值呢？說白話一點，就是從上述網站優化 SOP 架構內「解讀網站數據」的下一個步驟進行調整。網站內的數據對行銷人員來說是非常寶貴的，未經加工過的原始數據在行銷人員制定行銷策略時的角色及重要程度，就如同偵探在破案時所需的「線索」一樣重要，若你還以為我們在網站上所收集的資料僅有「留過資料的會員」之個資的話，那你肯定得看完這本書了，這種過時的想法將會在此為你推翻。在網站上我們可獲得的資料多到會讓你頭疼，只要有恰當的設置，任何造訪過我們網站的瀏覽者，他的瀏覽足跡都可以清楚地被收集起來。且若此時行銷人員導入一些行銷科技的技巧（也就是 MarTech），透過簡單的程式碼進行原始數據的分析，這樣的做法不僅僅是企業品牌，連行銷人員都將會與其他競爭者產生明顯的差異化。

透過 MarTech 分析數據：

- 觀察並監測網站
- 採集網站數據
- 將數據導入程式碼並進行演算法分析
- 透過分析結果輔助行銷策略的制定

　　而本書的後續章節將會帶領讀者了解：如何提取網站上的來訪者足跡、如何透過行銷演算法分析提取回來的訪客數據，及如何將數據分析後的結果完美整合並呈現出來。

一、為什麼要透過 GA？

在上一章節有提到，未經加工過的原始數據在行銷人員制定行銷策略時，它的角色及重要程度就如同偵探在破案時所需的「線索」一樣重要。而為何可以說是如同偵探在破案時的線索呢？原因很簡單，偵探在破案時需要有充足且有力的線索，才可以進一步推敲案情的脈絡並加以進行真相的判別，而網站上的訪客瀏覽足跡便是行銷人員所需要的「線索」，且這個線索量龐大又有力，它包含了所有造訪過此網站的訪客，也最直接地了解到這些訪客的瀏覽行為及瀏覽足跡。因此擁有這些大量的線索，能夠幫助行銷人員制定出最合適的行銷策略。

而若要問當前最強大且最合適的網站數據收集器是哪個平台的話，無非就是 Google Analytics（後續將會以 GA 簡稱）。不過，為什麼是透過 GA 呢？不能使用其他收集平台嗎？以下將會介紹 GA 這項數據分析軟體的優勢到底在哪裡。

(一) Google 家族產品

首先，使用 GA 最大的好處，從它的全名 Google Analytics 就可以發現，沒錯，正因為存在著一個 Google 的字樣，我們可以了解 GA 正是 Google 公司所提供的一種網站流量分析工具。當今最大的網路搜尋引擎即是 Google 企業所開發的搜尋引擎，它擁有了大量的使用者，因此絕大多數的網站開發人員都會想使自家網站被 Google 收錄，所以若是使用 Google 提供的網站分析工具來分析被存放在 Google 搜尋引擎內的網站流

量，那豈不是最佳的選擇嗎？

　　另外，由自家公司所提供的流量分析工具並非單單只有上述特色而已，在市面上 Google 的產品已經逐漸成爲了一個不可忽視的生態系。以 Google Ads 舉例，Google Ads 是由 Google 公司所提供的廣告投放系統，這個系統能提供對廣告有需求的商家一個自由公開的平台，角逐欲投放的關鍵字廣告，然而 Google Ads 與 GA 能夠擦上什麼邊呢？ Google Ads 與 GA 之間其實存在著巧妙的關聯，舉例來說，Google Ads 透過提供「廣告」來引導訪客進入到我們的網站，但我們要如何知道有多少人是透過點擊該廣告才進入到我們的網站呢？又或者我們該如何知道這個廣告對於我們網站的成效呢？這時就需要靠著 GA 與 Google Ads 的串接，來使訪客在網站內觸及廣告的足跡都能被有效收集起來，進而分析訪客是透過何種管道進入到我們的網站。

　　而這只是其中一個例子而已，隨著 Google 自家產品的市占率提升，Google 已漸漸擁有了一個完整的生態系，因此透過 GA 進行網站的流量分析，將會對自己在 Google 生態系內的部署有更充分及完善的了解。

(二) 精準的計數器

　　一般的網站計數器在偵測流量時，會在訪客重新整理頁面時再重新偵測爲新的訪客，這會使這些數據有虛胖的現象發生，進而使得數據的參考價值變低。而 GA 預設是 30 分鐘統計一次數值，所以在 30 分鐘內如果你使用了同一個裝置不斷重新整理頁面，在 GA 底下仍然只會記錄爲一筆流量，進而提升數據的參考價值。

(三) 幾乎免費

　　在市面上存在著許多好用的網站監測工具，這些工具可以幫助企業團隊優化網站或者制定行銷策略，不過大多數的監測工具都是要付費的。舉例來說，一定規模的企業多半會購買 Ahrefs 這類型的監測工具來進行搜尋引擎優化 (SEO)，以提升網站的權重，但爲何要說是一定規模呢？正因

為大多數的監測工具都是需要付費且相當昂貴的，因此會購買這種工具的企業絕大多數是有一定規模、預算有餘裕的。另外，企業在網站監測工具方面所費不貲，究竟是否能為企業換來等值甚至更超值的效益也無從得知。因此，若有一項工具好操作、功能強大甚至還免費的話，想必是許多公司的福音，而 GA 正符合上述的條件及優勢。

雖然在市面上存在著須付費的 Google Analytics 360，不過你把付費版 GA 想像成是免費版 GA 的進化即可，這項進化或許受用於那種在網路上有非常大量的流量需要進行分析的大型企業，然而一般的使用者對於這些進化是可有可無的。

免費版 GA／付費版 GA 有差異之處：

- 資料處理
- 抽樣程度
- 報表介面
- 自訂維度與自訂指標的數量
- 資料更新速度
- Google 旗下產品整合性

(四) 人性化的報表設置

在 GA 的報表介面裡，數據的呈現相較於其他網站流量分析工具來得有彈性許多，企業可以針對自己欲分析的競爭者進行流量篩選器的設置，行銷人員則可以針對欲偵測的轉換目標進行報表自訂功能的設置，分析人員也可以自由地去編排數據視覺化後的成果，使得在呈報結果給上級或客戶時有更完整的內容可以呈現。

(五) 廣泛的使用者

根據 Nielsen 的市場分析調查發現，在 2015 年時已有三千萬到五千萬個網站使用 GA 進行網站訪客流量分析。W3Techs 也指出，現今的所有網站裡有 52.9% 的網站透過 GA 來進行分析，因此在每兩個網站就有一個

使用 GA 分析流量的世代，無論你是正要去市場裡求職的行銷人員，又或者是想發展網路市場的高階主管，甚至是還在求學的學生，學會使用 GA 無疑是個必經之路。

二、GA4 流量存放概論

知悉了為什麼 GA 如此實用且重要之後，緊接著就要開始介紹 GA 的架構以及它提取流量的原理了。而在後續的章節將會帶領讀者進行建置 GA4 的環節，以及 GA4 流量提取與存放的方法。然而本書的重點在於如何使用 GA 所收集的流量，透過程式碼的演算法分析，進一步地強化這些數據的價值，使得它們能夠成為行銷人員在制定行銷策略的依據。因此若想精進 GA 相關方面操作的話，市面上有許多課程及書籍可以參考，在此本書就不多做贅述。

而在開始了解 GA 架構之前，眼尖的讀者一定會納悶，上一段一下子提及了 GA，一下子又提及 GA4，究竟 GA 及 GA4 到底有何不同？在這之前，我們先來聊聊 GA 的發展史。

(一) GA 發展歷程

GA 的前身，是一個名為 Urchin 的網站流量分析工具。開發 Urchin 的團隊成立於 1995 年，成立的時間比 Google 還要來得早（Google 成立於 1998 年），這項工具在當時受各個企業喜愛，因此無論是網站開發或是網站管理，Urchin 都是一名不可或缺的角色。

但在 2005 年，Google 收購了 Urchin，並且將其改名為「Urchin from Google」，也就是第一代的 GA。當時因為才剛開始開發 GA，Google 建議客戶同時使用 Urchin 及 GA1，但因為 GA 既是免費的且又能滿足大部分的需求，所以深受市場歡迎，一週內就註冊超過 10 萬個用戶。也因為用戶量遠超過 Google 預期，導致伺服器負荷過大，使得 Google 開始開發 GA 的第二代，也就是「傳統版 GA(Google Analytics Classic)」。

　　傳統版 GA 與前一代最主要的差異就是 Google 開發了自家的網站追蹤碼 ga.js。然而，傳統版 GA 目前也已走入歷史，不再提供服務了。

　　如今，眾所皆知的 GA 幾乎都是在指第三代 GA，也就是「通用版 GA(Google Analytics Universal)」。2012 年 10 月，Google 推出了通用版 GA，雖然在報表呈現的介面上與前一代傳統版 GA 大同小異，數據也可以沿用過來，但在其核心上作了很大幅度的進化，也因為這樣，後續幾年所推出的新功能等等，都是以通用版 GA 為基礎而去設計的。在後續的部分，也會說明通用版 GA 的帳戶結構，以及其對於通用版 GA 的設定、運作及報表調用有何影響。

　　不過，在上述的 GA 發展歷史裡面，我們可以發現 Google 所開發的這些分析模組都是以「網站」為核心所開發的分析模組，因此，Google 為了讓用戶也可以分析 App 上的數據，便在 2012 年開發了一個獨立的 App 分析模組，也就是「GA for mobile applications」。

　　然而，GA for mobile applications 的操作邏輯等等，都是沿用網站式分析的概念，操作起來相對不順手，因此在 2016 年時 Google 果斷放棄 GA for mobile applications 這項分析模組，並且推行了一個 App 專用平台——Firebase Analytics。

　　雖然此舉確實改善了分析 App 數據的不便性，但也因為 Firebase Analytics 是一個外購的專屬 App 分析平台，因此若企業同時推出網站及 App 時，必須要安裝兩套分析工具，這樣的做法除了略顯麻煩之外，若顧客同時在 App 及網站上皆訪問了這家企業，那麼透過兩種不同的分析工具收集回同一個顧客的跨平台足跡時，便無從得知訪客的真實樣貌，也更難進一步採取行銷及推廣的手段。

　　為了克服這個問題，Google 在 2019 年 6 月決定將原本的 Firebase 分析 App 功能延伸到網站分析，並進一步推出了「Web + App Property」，這項工具成為了 App 及網站的整合工具，而在官方開放測試一年多以後，於 2020 年 10 月將其改名為 GA4，並正式推出。

　　不過，由於 GA4 的帳戶結構及報表介面等等，都與前一代通用版

GA 大不相同，因此絕大多數使用者仍然以通用版 GA 作為主要的分析工具。然而好景不常，正當大家都認為 GA4 只是一項輔助工具，並不會完全取代通用版 GA 時，Google 於 2022 年 3 月宣布了重大消息——通用版 GA 將於 2023 年 7 月 1 起停止服務。因此，正在看這本書的當下，通用版 GA 或許早已走入歷史了。而這項消息發布以後，不少企業因此哀號，除了必須要熟悉一個與先前報表介面及帳戶結構不同的分析軟體之外，令不少企業頭痛的正是「在通用版 GA 所累積的資料都將會被刪除」這一回事。

此項公告無疑是 Google 希望全數用戶轉向使用 GA4，並致力於發展更全面的 GA4 功能，雖然這個做法看似可以有效地轉換用戶至 GA4，但也造成絕大部分用戶的反彈，因為通用版 GA 的資料即將被消滅，此舉將會造成企業長年累月在 GA 上所累積的數據心血付諸流水，因此當前各個企業所將面臨的首要問題便是「如何安全地將資料從 GA 上轉移下來」。而在後續的章節我們也會介紹幾種方式，能讓 GA 用戶將過往所累積的資料移轉下來。

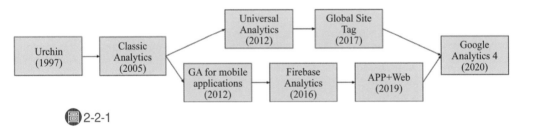

圖 2-2-1

(二) 將被淘汰的主流版本：通用版 GA

在介紹 GA4 之前，我們必須要先來了解主流（但要被淘汰）的通用版 GA 帳戶結構。

GA 的帳戶結構可以分成三個層級，由上至下分別為：帳戶 (Analytics Account)、資源 (Properties)、資料檢視 (Views)，而這三個層級皆被一個

Google 帳戶 (Google Account Users) 包裝。因此各位讀者在操作 GA 之前必須先註冊一個 Google 帳戶，而一個 Google 帳戶底下能夠創建 100 個 Analytics（分析）帳戶，每一個 Analytics（分析）帳戶底下則可建立 100 個資源，每個資源底下最多可以建立 25 項資料檢視。然而究竟什麼是帳戶 (Analytics Account)、資源 (Properties) 及資料檢視 (Views) 呢？

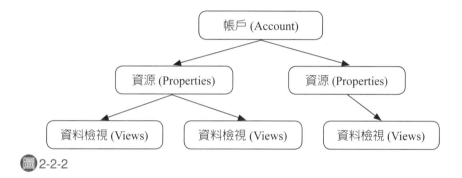

圖 2-2-2

1. 帳戶 (Analytics Account)

GA 帳戶可說是置放底下資源及資料檢視的一個容器。舉例來說，若你是一個公司的數據分析人員，必須透過 GA 分析公司的網頁，此時你可以在你的 Google 或是公司的 Google 底下建立一個 GA 帳戶，並為該 GA 帳戶取一個響亮的名稱。在「帳戶」這個層級其實沒有太多的設定，僅有兩個主要功能：

(1) 管理這個 GA 帳戶的權限

透過權限的管理及設置，可以讓主管或是同事之間有效且安全地進行流量分析，因此若在多人共事的情況下，也可以讓多個 Google 帳戶共同存取一個 GA 帳戶。

(2) 篩選器設置

篩選你欲留存的網站訪客足跡數據。

2. 資源 (Properties)

　　GA 帳戶底下的資源指的是欲分析的網站或 App。簡單來說，一個資源擁有一個專屬的追蹤碼，若將該追蹤碼埋入網站的原始碼架構中，則可以追蹤網站上瀏覽者的拜訪足跡。而資源層級的設定也會套用到這組追蹤碼底下的所有資料檢視。

　　注意，在通用版 GA 中，若欲分析一個公司的網站及該公司的 App，則在 GA 帳戶底下需設置兩項不同的資源。

3. 資料檢視 (Views)

　　不同的資料檢視則可以被視為一種數據提取的組合，而不同的資料檢視報表，其數據源皆來自上一層「資源」所追蹤的網站。舉例來說，若公司的主要客群為美國消費者及台灣消費者，此時就應該要建立兩個資料檢視，一個是只能看到來自美國使用者造訪網站的流量，另一個則是只能看到來自台灣使用者造訪網站的流量。

(三) 取而代之的版本：GA4

　　GA4 與通用版 GA 的帳戶結構最大差異在於通用版 GA 的帳戶結構可以分為三層級，分別是「帳戶、資源、資料檢視」，然而在 GA4 中 Google 將資料檢視的這個層級移除了，因此 GA4 的帳戶結構僅有兩個層級而已。然而，移除了資料檢視層級並非意指無法讓使用者針對特定網站瀏覽族群進行數據的採集，而是需要在資源的這個層級底下進行更詳細的設置。

　　但究竟為什麼要移除資料檢視這個層級呢？雖然官方沒有提供明確的解釋，但我們可以由 GA4 的應用場景來發現一些端倪。還記得在介紹通用版 GA 的資料檢視部分時所舉的分析兩個國家消費者的例子嗎？當時我們說明若要分析兩個國家的消費者，需要分別設置兩個不同的資料檢視；以及在上一部分說明 GA 發展史時，解釋到若要在通用版 GA 分析 App 的流量，需要另外透過 Firebase 來進行數據採集。這樣的做法雖然都會成

功採集到數據，但是有可能會發生重複採集及誤判瀏覽者的情況發生，有鑑於此，GA4 整合了 Google Analytics(GA) 採集 Web 端資料的功能加 Google Analytics for Firebase(GA4F) 採集 App 端資料的功能，這樣一來便可以同時採集兩者的數據並將兩者的數據結合起來一起進行分析，也可以單獨收集其中一方的資料。

當然，GA4 與通用版 GA 的差異並不只有如此，GA4 相較於通用版 GA 的參數設置比較偏向 Event Base（事件導向），另外它們在報表介面以及維度參數設置上都有很顯著的差異。然而本書的重點在於如何提升 GA4 數據的價值並應用於行銷領域中，因此若想了解更多 GA4 的參數設置方式的話，坊間有許多書籍及教學影片可供大家參考，在此就不多做贅述。

緊接著就要開始進入實作的部分。在學習提升數據價值之前，我們首先要做的就是提取資料，無論是在 GA4 或者通用版 GA，它們的功能僅有數據採集以及將採集的數據視覺化呈現給使用者而已，若想透過其他方式提升數據價值，我們的首要步驟便是將數據從 GA4 內提取出來。

三、安裝 GA4

若想採集 GA4 的資料，勢必要有一個已經採集一段時間資料的 GA4 帳戶，因此這一部分的說明是提供給還未設置 GA4 的讀者，若你已經完成 GA4 的設置，那麼你可以直接跳到下一段落「GA4 流量提取與存放方式」。在開始設置 GA4 之前，若還沒有 Google 帳戶的話，請先自行註冊一個 Google 帳戶，註冊完畢後方可進行 GA4 的設置。

Step 1

在 Google 瀏覽器搜尋框內輸入「Google Analytics」，並點擊圖 2-3-1 紅色方框內的搜尋結果。

圖 2-3-1

Step 2

點擊「開始測量」按鈕（按鈕的描述可能會因翻譯而有些許差異）。

圖 2-3-2

Step 3

　　進入「帳戶設定」的設置介面後，在這邊使用者需填寫你的帳戶名稱，在此所填寫的帳戶名稱並非 Google 帳號的名稱，而是 Google Analytics 的帳戶名稱，兩者的差異在於 Google 帳戶需在進行 Step 1 之前設置完成，而 Google Analytics 帳戶則是一個盛裝所有 GA 帳戶的一個容器（官方限制最多可盛裝 100 個資源，即 100 個追蹤 ID），因此在這裡的帳戶名稱取各位公司、學校的名稱即可，不需太過詳細。

　　帳戶名稱填寫完畢後，將「帳戶資料共用設定」內的四個選項皆勾選，並點擊「下一個」，進行下一步驟的設置。

圖 2-3-3

Step 4

　　緊接著，跳至設置資源的介面，然而「資源」是什麼意思？其實資源就是存放流量的「倉庫」，而資源底下在「資源設置」介面中需設置三個

要素，分別為**資源名稱**、**報表時區**以及**貨幣**。而**報表時區**及**貨幣**會偵測裝置當前位置進行預選，若要變更，直接點擊下拉式選單即可變更。

　　至於**資源名稱**的設置則需請讀者多加留意，在這邊的資源名稱設置與上一步驟的帳戶名稱設置有所不同。資源即為欲串聯到的網站或應用程式，因此在日後同時擁有多個需分析的網站及應用程式時（多個資源），若資源名稱設置不當則會造成管理以及操作上的錯亂。普遍來說，會將資源名稱設置為「網站名稱」，以便我們判斷正在操作的資源是串聯至哪一個網站。

（圖）2-3-4

Step 5

　　在最後一個 GA4 安裝階段「提供商家相關資訊」中，請將欲分析網站的產業類別及規模等資訊精準填寫。GA4 會根據使用者在這個階段所

填寫的相關產業資訊，提供合適的版面模板給予使用者。確認填寫完畢後點擊「建立」按鈕。

圖2-3-5

Step 6

點擊圖 2-3-6 中的兩個紅色方框，其分別爲同意 GA 的服務條款與同意 Google 資料保護條款。

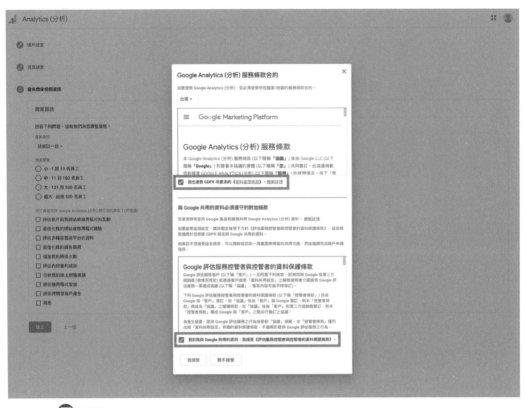

圖 2-3-6

Step 7

接著就會進入連動網站的環節，在此請先選擇你欲串聯的平台類型。

後續步驟：設定資料串流來開始收集資料

建立 資料串流 後，您就會取得網站串流的標記資訊和 評估 ID。

進一步瞭解：新增資料串流並設定資料收集作業 ☑

請選擇平台

| 🌐 網站 | 🤖 Android 應用程式 | iOS 應用程式 |

圖 2-3-7

Step 8

　　平台類型選擇完畢後，點擊左下角齒輪符號，點擊「資源」欄位底下的資料串流，輸入你欲連動到網站的網址，並輸入該串流在 GA4 中呈現的名稱。

圖 2-3-8

Step 9

　　串聯完畢後，資料串流的頁面將會出現「全域網站代碼 (gtag.js)」，將此代碼複製並埋入網站所有頁面的 <head> 標籤後，即可開始收集網站內的使用者足跡。

(圖) 2-3-9

　　透過上述九個步驟，就完成了數據收集器的設置，然而設置完成的收集器只會收集最表層的動作，若你想更加了解細項資料該如何收集的話，市面上有很多教你調節 GA4 收集數據參數的教材，在此我們就不多加贅述。緊接著，我們要來了解收集回來的數據該如何提取，以利我們後續透過演算法來預測更多 GA4 無法達到的效果。

四、GA4 流量提取與存放方式

在學習如何從 GA4 提取流量出來之前，我們必須知悉為何我們要將流量提取出來？它的目的又是什麼？

其實答案若以急迫性來區分的話可以分成兩種，高急迫性需要了解如何進行流量提取的理由正是因為 Google 官方在 2022 年年初時宣告通用版 GA 將在 2023 年 7 月全面停用，而這次的更新是希望使用者全數轉往 GA4 進行操作，至於停用後的通用版 GA 將會連過往的數據都無法查看，因此若需要保留先前數據，使用者必須盡快將原有數據提出才行。

至於另一個理由雖然急迫性沒有那麼高，但其重要性及其後續所產生的價值遠高於前者。在前面的章節有提到 GA4 已經是一個相對完善的網站計數器，然而它也有美中不足的地方，那就是在應用層面的不足，GA4 可以全面性地幫助你收集造訪者在你網站留下的任何足跡，舉凡：瀏覽過哪些站內網頁、是否有確實完成購買流程等等，然而這些都是一些「過去」以及「現在」所留下的記錄，GA4 無法告訴你「未來」造訪者可能產生的下一個行為會是什麼。

為了彌補 GA4 在這一方面的不足，**我們可以將 GA4 所收集回的數據萃取出來，並透過簡單的程式語言完成行銷演算法的建置，再將萃取出來的數據放入演算法來分類造訪者未來的行為及預測消費者的購買途徑。**而上述這段也正是本書的精華所在，因此身為主管或是行銷人員的你，若想與同行的競爭者產生差異化，勢必得看到最後了。那在精華開始之前，我們要先來學習如何從 GA4 中將數據萃取出來。

(一) 手動匯出至電腦本機

第一個方式是最簡單也最直觀的，這個方式就有如使用完畢 Excel 後要將該檔案另存新檔一樣的概念。在這個部分，因為通用版 GA 及 GA4 的介面有所差異，因此在這裡我們將會分成「通用版 GA 手動匯出報表至電腦本機」及「GA4 手動匯出報表至電腦本機」這兩個部分。若你已經

知悉如何在通用版 GA 上操作了，那麼你可以直接從「GA4 手動匯出報表至電腦本機」開始學習。

(二) 通用版 GA 手動匯出報表至電腦本機

Step 1

首先開啓欲匯出的報表介面，此處以行爲報表中的總覽介面爲例。

圖 2-4-1

Step 2

選取欲匯出該報表的時間範圍，選取完畢後點擊「套用」。

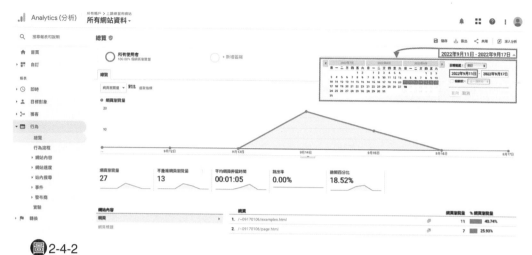

圖 2-4-2

Step 3

選取其他相關設定（例如：要匯出全部流量還是區隔後的部分流量）。

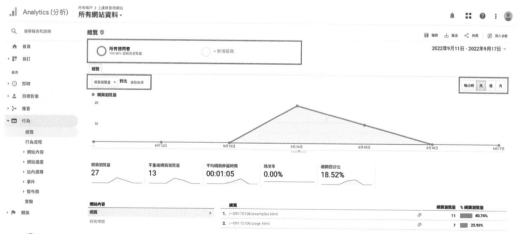

圖 2-4-3

Step 4

設置完畢上述三個設定後，點擊報表介面右上方的「匯出」按鈕。點擊後則可選取欲匯出的檔案型態，在通用版 GA 中流量可以匯出成以下四種型態的檔案：

1. PDF

2. Google

3. Excel (XLSX)

4. CSV

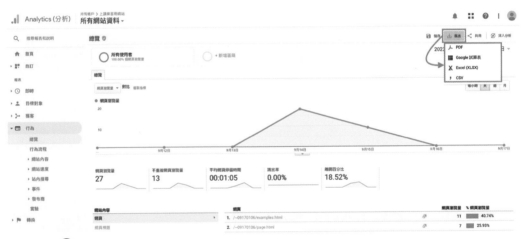

圖 2-4-4

選擇完畢檔案型態並點擊確認下載後，系統將會自動產生檔案，並存放在電腦的下載目錄中。（在此要注意，系統不會匯出製作「動態圖表」時產出的最終折線圖。）

(三) GA4 手動匯出報表至電腦本機

Step 1

首先開啟欲匯出的報表介面，此處以獲客報表內的流量開發介面為例。

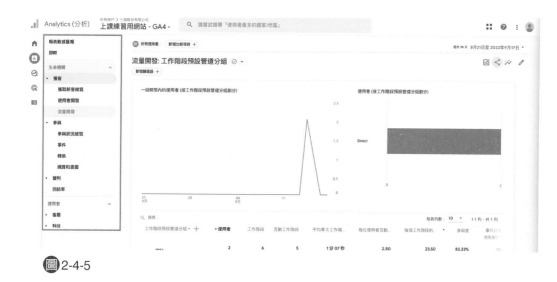

圖 2-4-5

Step 2

選取欲匯出該報表的時間範圍，選取完畢後點擊「套用」。

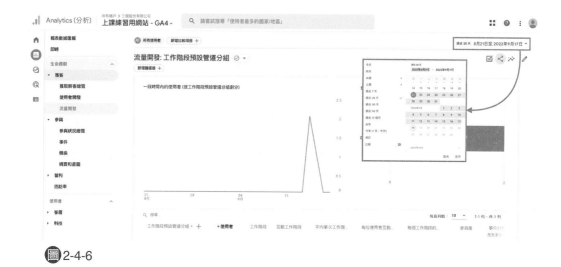

圖 2-4-6

Step 3

選取其他相關設定（例如：要匯出全部流量還是區隔後的部分流量）。

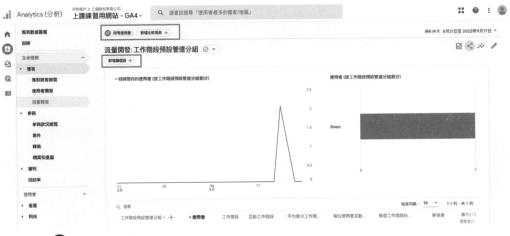

圖 2-4-7

Step 4

設置完畢上述三個設定後，點擊報表介面右上方 ⬠ 圖示，並選擇「下載檔案」。點擊後則可選取欲匯出的檔案型態，GA4 相較於通用版 GA，目前僅能匯出成以下兩種型態的檔案：

1. PDF
2. CSV

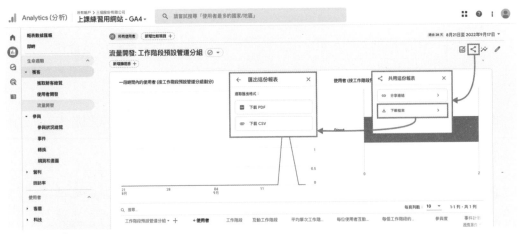

圖 2-4-8

　　選擇完畢檔案型態並點擊確認下載後，系統將會自動產生檔案，並存放在電腦的下載目錄中。在此要注意，如果你以 CSV 格式下載報表，GA 最多僅能匯出 5,000 列。因此若你想一次匯出更大筆的數據，不妨繼續看下去。

(四) 匯出至 BigQuery

1. BigQuery 是什麼？為什麼要用它？

　　在學習如何將 GA4 串聯至 BigQuery 之前，我們需要先來了解 BigQuery 是什麼？以及為什麼我們要使用它？

　　BigQuery 是數據倉儲的一種，它是 Google 推出的全代管數據分析資料倉儲服務，同時也是 Google 自家最引以為傲的商品之一。相較於傳統硬碟，BigQuery 擁有著更快的運算速度、更低的成本以及更完善的資源擴充性。在以往，企業要建立數據倉儲時，需要在企業內部設置機房，花費大量的金錢購買軟硬體設備，且當效能不足時，又需要再額外花錢來增加數據分析的效能。然而現在我們有了 BigQuery，這個無伺服器的數據倉儲會把數據分析工作交給資料中心裡的數百個機台進行運作，等到運作完畢後再回傳回來，這樣一來我們將不需要再花費大量的成本建置機房，也不需要軟硬體設備及人力的維護，在建設成本方面可說是有著大幅度的改變。

　　另外，剛剛提到若使用 BigQuery，數據分析的工作將會交付給資料中心進行處理，因此若遇到了需要智慧解決方案的情形（例如：預測購買途徑、系統建置等等），BigQuery 內建的機器學習技術可以產出更精準的分析結果，以滿足現今企業對於數據視覺化的需求，並協助企業對於未來的策略進行更精準的判斷。

　　因此透過簡單的了解，我們可以得知在現今的世代裡，BigQuery 已占有一席之地了，它甚至有著「地表最強分析工具」的稱號，若我們能將網站使用者的瀏覽數據也導入至 BigQuery 進行數據的處理，那麼你的分

析、行銷能力肯定會如虎添翼。因此如何將 GA4 串聯至 BigQuery，儼然成為我們必學的課題之一。

2. 將 GA4 串聯至 BigQuery

Step 1

在串聯 GA4 至 BigQuery 之前，理所當然地我們需要先擁有一個 BigQuery 帳戶，並且在 BigQuery 控制台中建立新的專案用來存放我們從 GA4 串聯過去的資料。

BigQuery 控制台存在於 Google Cloud Platfrom 底下，若要建立新的專案，我們可以點擊左上角的下拉式選單，並點擊選單內「新增專案」按鈕來建立新的專案。若你曾經有在 Google Cloud Platfrom 內新增專案，那麼此舉對你來說應該不陌生，但若你是第一次使用 Google Cloud Platfrom 內的功能，因為 Google Cloud Platfrom 主頁的背面配置有點凌亂，因此要找到進入 BigQuery 的路徑會需要花點時間，且因為 Google 官方時不時就會更新 Google Cloud Platfrom 的功能及版面，因此有可能現在看到這本書的你，當前的操作介面已不是我現在所操作的介面模樣了。所以在這裡我就不多花時間講解 Google Cloud Platfrom 及 BigQuery 的操作，若各位讀者有興趣鑽研 BigQuery，市面上擁有許多免費且符合最新版本的 BigQuery 教學供大家參考，在此我們就先將焦點著重在如何在將 GA4 的資料串聯至 BigQuery 即可。

Step 2

在 BigQuery 建立一個新的專案後我們就可以回到 GA4 了，首先進入 GA4 資源管理，接著往下滑動頁面，並點擊「產品連結」欄位底下的「BigQuery 連結」按鈕。

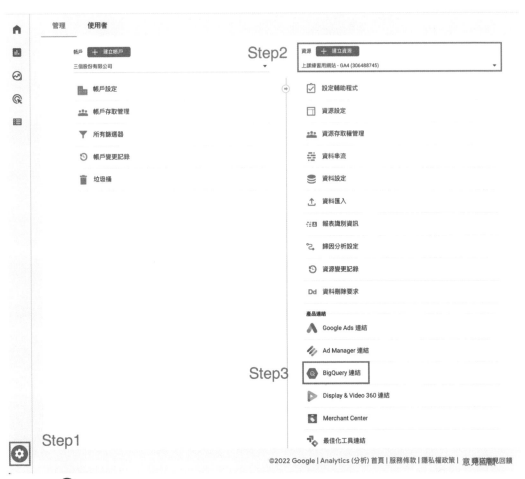

圖 2-4-10

Step 3

　　若你已經有建立為了存放 GA4 流量的專案，那麼就點擊該專案並且點擊右上角的確認。但若你在此之前都沒有將 GA4 連結至 BigQuery 過，那麼在 BigQuery 連結介面底下應該不會有任何專案，因此我們點擊右上角的「連結」來連結到我們一開始在 BigQuery 控制台中新建立的專案。

圖 2-4-11

Step 4

　　進入「使用 BigQuery 建立連結」介面後，分成三個步驟進行連結的設置。第一步請先選擇 BigQuery 專案，該專案即為我們一開始在 BigQuery 控制台中新建立的專案，選取完畢後按下「確認」按鈕。

圖 2-4-12

Step 5

按下確認鈕後，會請你選擇資料位置，這個設置的用意在於讓 Google Cloud 了解這筆資料匯出時的位置在哪裡。注意，若你選擇的這個專案已經包含了匯出資料集，在此你就無法變更這項設定，需要將專案刪除重新建立一次。那麼這邊我們就選擇「台灣」。選擇完畢後就按下「繼續」按鈕。

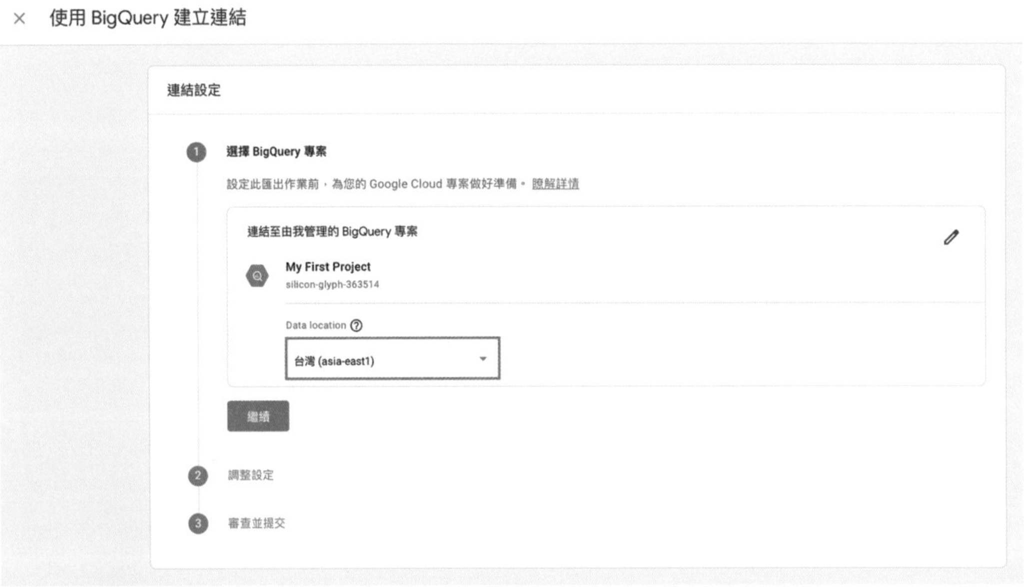

圖 2-4-13

Step 6

緊接著，第二步就是要來調整設定，先選擇你欲串接的資料串流，接著自行評估是否要勾選行動應用程式串流的廣告 ID，最後再選擇資料匯出至 BigQuery 的頻率。在此要注意，雖然匯出頻率欄位中有兩個選項，然而若要勾選「串流（連續匯出）」這個選項，必須是付費版的 Google Cloud Platfrom 才能使用。因此在這邊我們選擇「每天」，此匯出頻率即為每日上午會更新一次前一天的流量報表，意即一天更新一次流量報表。

× 使用 BigQuery 建立連結

連結設定

✎ 選擇 BigQuery 專案

② 調整設定

⊹ 資料串流和事件
設定要匯出哪些資料串流和事件。系統會預估所有事件量，並根據實際匯出情況執行每日數量限制。 瞭解詳情

要匯出的預估每日事件總量

0 /每日上限 1 百萬 ⑦　　　　　　　　　　　　　　已選取 1 個串流 (共 1 個)　　沒有排除任何事件

設定資料串流和事件

☑ 加入行動應用程式串流的廣告 ID

⋀ 頻率
串流僅適用於已啟用帳單的雲端專案。

☑ 每天
系統每天會完整匯出資料一次

☐ 串流
連續匯出 (在事件發生後的幾秒內)。 瞭解詳情

上一步　　繼續

③ 審查並提交

📖 2-4-14

Step 7

　　第二步驟操作完畢後，第三步驟則是檢視第一、第二步驟的選填結果，若沒有需要調整的項目，按下「提交」即可完成串接。

圖 2-4-15

Step 8

　　按下提交後，若你在第二步驟「匯出頻率」所選擇的是「每天」，那麼隔日上午才會開始將 GA4 流量報表匯出至 BigQuery 專案，因此需等候至隔日再確認流量匯出的結果。若流量匯出正確，就可以開始操作 BigQuery 中的工具來分析匯出過去的報表了。

　　雖然在這個小節教學的「GA4 串接至 BigQuery」這個做法，相較於上一小節「手動匯出 GA4 資料」還要來得快速也比較輕鬆，不需一一選擇你欲匯出的報表種類、報表時間範圍，但也存在著些許缺點。第一，

從設置 GA4 串接至 BigQuery 開始，便會發現 Google 會讓免費版本的使用者無法使用特定功能，而那些無法使用的特定功能有時又特別必要，因此在操作免費版的 BigQuery 時，或多或少會有不便之處。第二，若現在的你是看完了這本書才開始將 GA4 流量串接至 BigQuery，那麼就要注意了，因爲 GA4 串接 BigQuery 並不會追溯歷史數據，它只會將串接過後才從 GA4 收集回的數據傳遞至 BigQuery，因此現在的你若是想要提取既往資料來進行進一步的分析，那麼這一小節的教學對你來說可能還不夠用。緊接著，本書將會教各位讀者一種可以彌補 BigQuery 這兩項缺失的串接方法，那就是「透過 API 匯出」。

(五) 透過 API 匯出至電腦本機

　　這個小節將會是本書的第一個精華，從上述的兩個匯出方式都能得知它們的限制，而透過 API 匯出的方式將能夠更有彈性地匯出你自己想匯出的資料，在這個部分我們會使用到一個 Google 的外掛程式來進行我們的 API 設置，這個外掛程式能夠幫助我們將 GA 上的資料提取至 Google 試算表中。準備好了，我們就先從匯出通用版 GA 開始吧！

1. 通用版 GA 透過 API 匯出資料

Step 1

　　首先先開啓一個新的 Google 試算表頁面，並爲它進行命名。

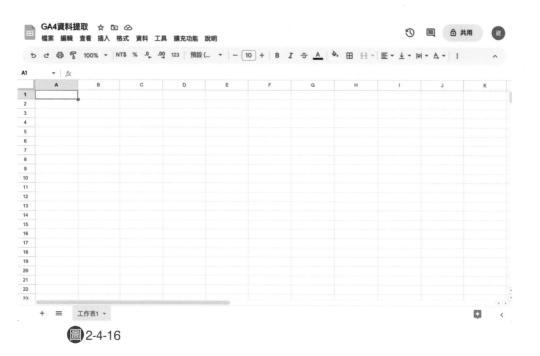

圖 2-4-16

Step 2

接著我們要使用一個外掛程式，不過這個外掛程式之所以叫做外掛程式，正是因為它是第三方所開發的，所以各位讀者若之前沒有下載過這個程式的話，點選試算表工具列的「擴充功能」是看不到 Google Analytics 相關選項的，如下圖 2-4-17 所示。因此我們要對這個外掛程式進行下載。

圖 2-4-17

Step 3

此時，我們要下載外掛程式就必須點選工具列「擴充功能」→「外掛程式」→「取得外掛程式」。

圖 2-4-18

Step 4

　　點擊「取得外掛程式」，會跳出一個視窗，這個視窗類似下載應用程式的介面，我們在搜尋框內輸入「Google Analytics」。

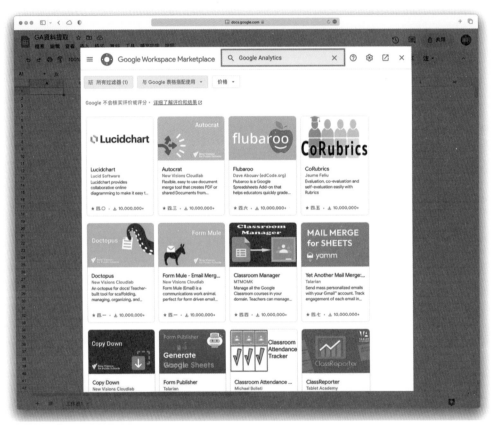

圖 2-4-19

Step 5

　　按下搜尋按鈕後，找到一個名稱僅有「Google Analytics」的選項，點擊該選項後並點擊「安裝」。

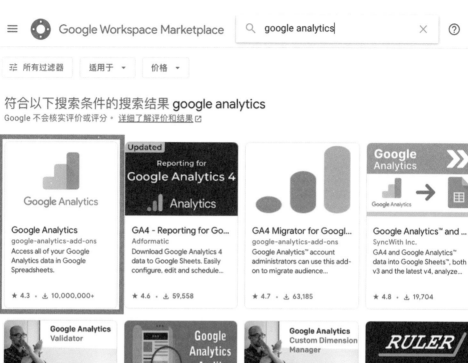

圖2-4-20

圖2-4-21

Step 6

下載完畢後再回到工具列「擴充功能」→「外掛程式」，就可以看到一個名爲「Google Analytics」的欄位。

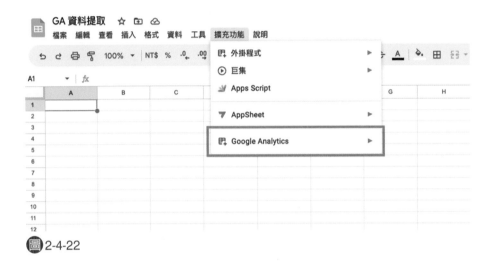

圖 2-4-22

Step 7

接著我們就要來進入 API 串接的部分。不過在這邊各位讀者的網站必須要有資料，不然到時候會看不到自己的設置是否正確，且因爲官方的 GA 示範帳戶並沒提供使用 API 練習的權限，因此這邊我們若要使用 API 來串接 GA 的話，一定要使用自己的 GA 帳戶。點擊「擴充功能」→「外掛程式」→「Google Analytics」→「Creat new report」。

Google Analytics ▶	Create new report
	Run reports
	Schedule reports
	說明

圖 2-4-23

Step 8

　　點擊後，畫面會多出一個輸入表單，這個表單即為要讓我們輸入欲提取資料的範圍及指標。

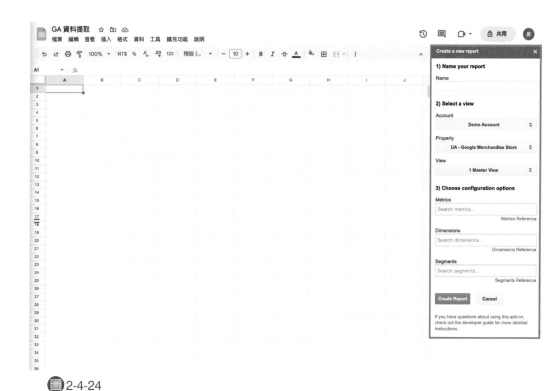

圖 2-4-24

Step 9

　　接著，我們就來細看這個表單所要填寫的內容，這個表單主要分成三個部分：

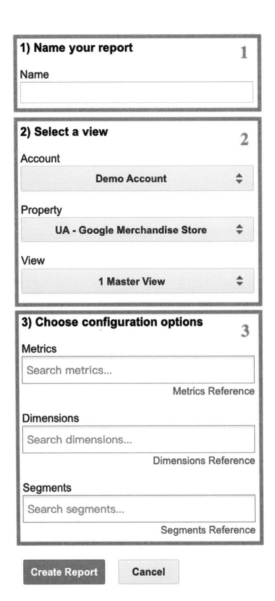

圖 2-4-25

(1) Name your report（為你的報表輸入名稱）

當我們開始透過 API 進行資料匯出時，這個外掛程式會讓 GA 的資料提取至這個試算表檔案裡一個新的工作表中，因此在這邊我們要爲這張工作表進行命名，通常我們所賦予的名稱是這筆資料的範圍，順帶一提我們在進行資料提取時習慣把一張工作表存放一個月的資料量，這樣一來日後再進行資料的查找時會比較方便，因此我們命名的方式會如：2022_10，當然若一個月的資料量並不多，要將一年的資料存放在一張工作表也可以，例如：2022。

(2) Select a view（選擇資料檢視）

在本章節開頭有提到每一個 Analytics（分析）帳戶底下可以建立 100 個資源，每個資源底下最多又可以建立 25 項資料檢視。且通常資源與資源之間不太會有關聯，所以我們在進行資料提取時也不可以混在一起提出，因此在這個區域就是要讓我們從上而下選擇要提取的「帳戶 (Analytics Account)」、「資源 (Properties)」、「資料檢視 (Views)」。

(3) Choose configuration options（選擇維度 & 指標）

選擇完要提取歷史資料的資料檢視後，我們就要來選擇要提取的維度及指標。這些細項都可以選擇不只一個，但也不能超出它的上限。

- Metrics（維度）
- Dimensions（指標）
- Segments（區隔）

Step 10

都填寫完畢後我們即可按下「Create Report」按鈕，按下之後還不會馬上開始匯出資料，會先跳出一張工作表，如下圖 2-4-26 所示。

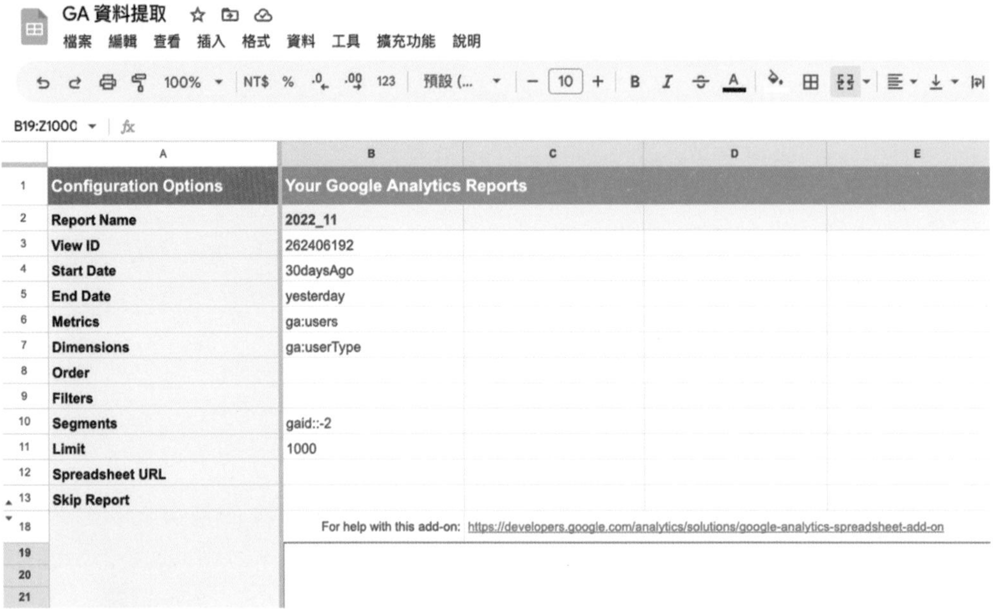

圖 2-4-26

Step 11

　　這個工作表的用意是在讓使用者能夠重新確認一些簡單的資訊，及對剩下的參數進行調整。在這邊各位要注意到提取出的資料其時間範圍正是在這個步驟進行設定 (Start Date & End Date)，且年月日格式須使用「-」來做分隔，例如：2022-12-10。另外，在這邊各位可以注意到一個項目叫做「Limit」，這是指待會匯出的資料的上限值，預設是 1,000，不過因為每個網站的數據量不一樣，因此這邊我通常會將這個 1,000 刪除，不特別限制匯出的資料筆數。

　　若二次確認這些細項後都沒問題，我們就可以點擊「擴充功能」→「外掛程式」→「Google Analytics」→「Run reports」，這時候就會開始匯出資料了。

圖 2-4-27

Step 12

匯出的資料則會如圖 2-4-28 所示，上方藍色欄位的部分是一些基本資料，下方黑色欄位的部分則是當時我們所設置要匯出的維度與指標等資料。

做到這邊其實也已經大功告成了！接著我們可以將其下載成 xlsx 檔做其他使用，又或者我們可以將這個報表先稍微整理一下，將不必要的欄位刪除，並下載成 csv 檔，因為後續我們要進行的行銷演算法所使用的示範資料皆為 csv 檔，因此可以先進行資料的預處理唷。

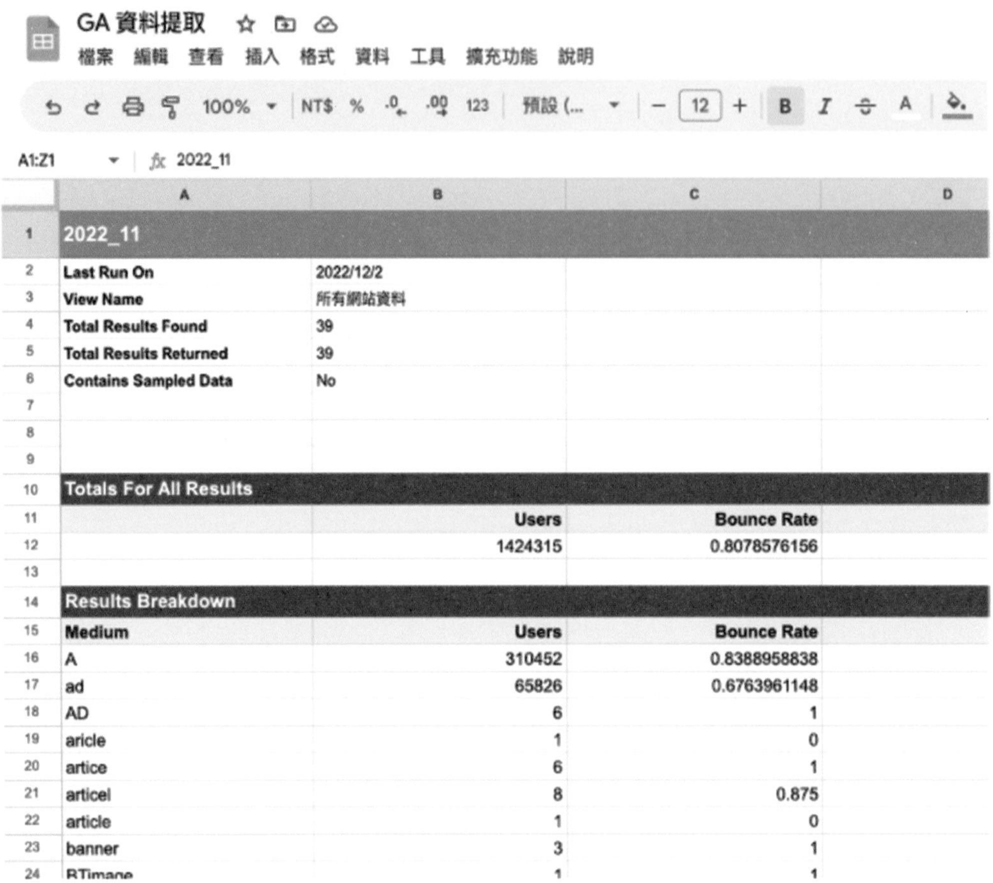

	A	B	C	D
1	2022_11			
2	Last Run On	2022/12/2		
3	View Name	所有網站資料		
4	Total Results Found	39		
5	Total Results Returned	39		
6	Contains Sampled Data	No		
7				
8				
9				
10	Totals For All Results			
11		Users	Bounce Rate	
12		1424315	0.8078576156	
13				
14	Results Breakdown			
15	Medium	Users	Bounce Rate	
16	A	310452	0.8388958838	
17	ad	65826	0.6763961148	
18	AD	6	1	
19	aricle	1	0	
20	artice	6	1	
21	articel	8	0.875	
22	article	1	0	
23	banner	3	1	
24	BTimage	1	1	

圖 2-4-28

2. GA4 透過 API 匯出資料

GA4 的 API 匯出方式其實跟通用版 GA 的 API 匯出方式大同小異，只不過在這邊所使用的外掛程式與通用版 GA 的 API 匯出外掛程式不同，準備好了我們就開始吧！

Step 1

首先一樣先開啓一個新的 Google 試算表頁面，並爲它進行命名。

圖 2-4-29

Step 2

接著我們一樣要使用到第三方外掛程式，因此若先前沒有下載過這個外掛程式的話，點選試算表工具列的「擴充功能」是看不到 Google Analytics 4 相關的選項，如下圖 2-4-30 所示僅有上一單元我們下載的 Google Analytics 選項，這是不能使用的，因此我們要對專屬於 GA4 的外掛程式進行下載。

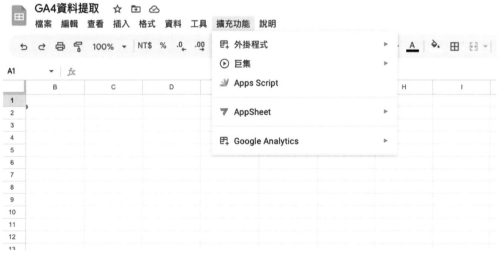

圖 2-4-30

Step 3

點選工具列「擴充功能」→「外掛程式」→「取得外掛程式」。

（圖）2-4-31

Step 4

點擊「取得外掛程式」，會跳出一個視窗，這個視窗類似下載應用程式的介面，我們在搜尋框內輸入「Google Analytics 4」。

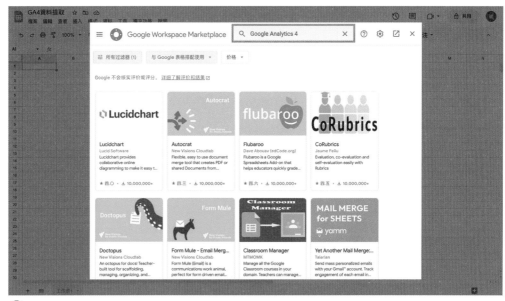

圖 2-4-32

Step 5

按下搜尋按鈕後，找到一個名稱為「Reporting for Google Analytics 4」的選項，點擊該選項後並點擊「安裝」。

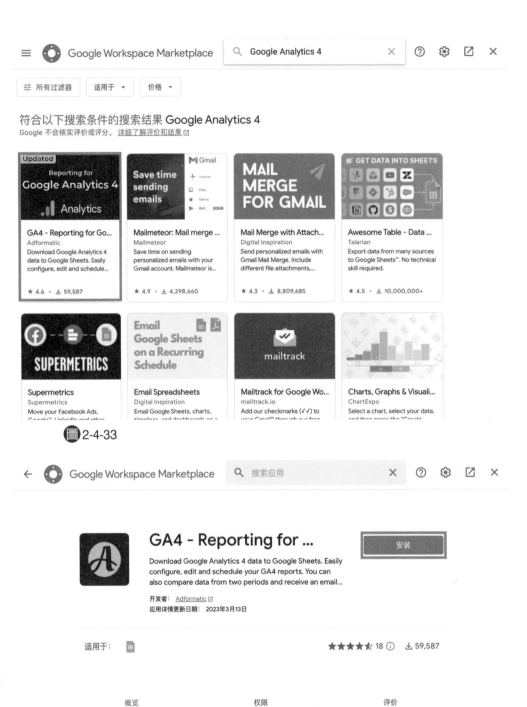

圖 2-4-33

圖 2-4-34

Step 6

下載完畢後再回到工具列「擴充功能」→「外掛程式」，就可以看到一個名為「Google Analytics 4」的欄位。

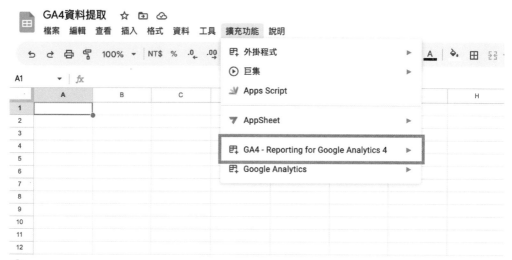

🔲 2-4-35

Step 7

接著我們就要來進入 API 串接的部分。因為官方的 GA4 示範帳戶也沒提供使用 API 練習的權限，因此這邊我們要使用 API 來串接 GA4 的話，一定要使用自己的 GA 帳戶做使用。所以各位讀者也一樣得確認自己的網站要有資料，不然到時候會看不到自己的設置是否正確。

點擊「擴充功能」→「外掛程式」→「Google Analytics 4」→「Creat report」。

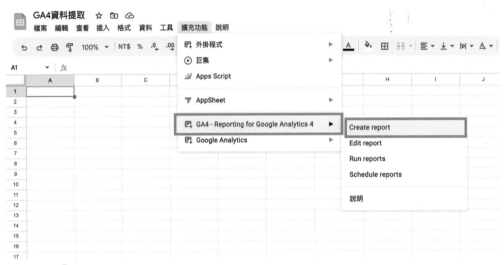

圖 2-4-36

Step 8

　　點擊下去後畫面會多出一個輸入表單，這個表單即為要讓我們輸入欲提取資料的範圍及指標。

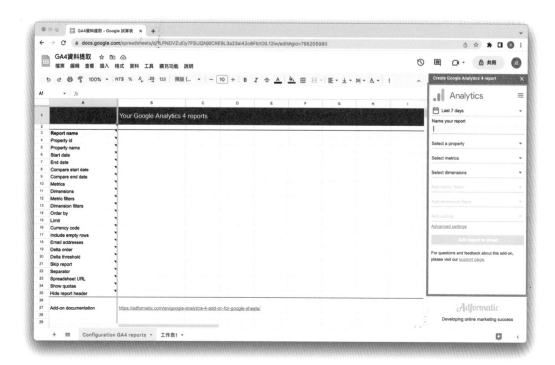

圖 2-4-37

Step 9

接著，我們就來細看這個表單所要填寫的內容，這個表單主要分成四個部分：

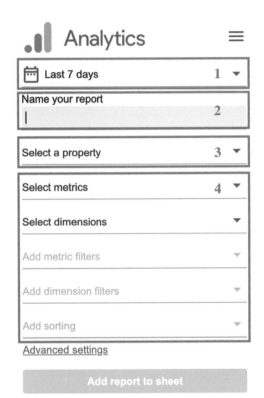

图 2-4-38

(1) 輸入資料範圍

　　還記得我們在透過 API 匯出通用版 GA 數據時，會在填完表單並按下「Create report」後才可以針對要提取的資料範圍進行調整；而在這個 GA4 的 API 套件中，我們可以在一開始表單填寫時就將要提取的資料時間範圍設定好。

(2) Name your report（為你的報表輸入名稱）

　　這邊跟匯出通用版 GA 一樣，當我們開始透過 API 進行資料匯出時，這個外掛程式會讓 GA4 的資料提取至這個試算表檔案裡一個新的工作表

中，因此在這邊我們要為這張工作表進行命名，通常我們所賦予的名稱是
這筆資料的範圍，同樣地我們在進行資料提取時習慣一張工作表存放一個
月的資料量，這樣一來日後再進行資料的查找時會比較方便。因此我們命
名的方式會如：2022_10，當然，若一個月的資料量並不多，要將一年的
資料存放在一張工作表也可以，例如：2022。

(3) Select a property（選擇資料檢視）

GA4 與通用版 GA 的其中一個大差異即是帳戶結構上的不同，GA4
不像通用版 GA 有三層的層級，在 GA4 中 Google 將資料檢視的這個層
級移除了，因此 GA4 的帳戶結構僅有兩個層級而已。所以當我們點擊
「Select a property」後會跳出圖 2-4-39 這個畫面，分別要我們輸入「帳
戶 (Account)」及「資源 (Property)」。

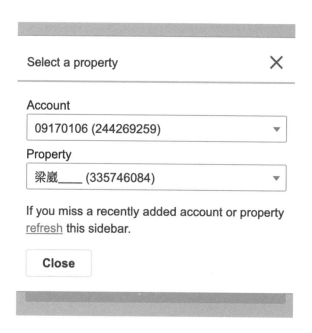

 2-4-39

(4) 選擇維度 & 指標

選擇完要提取歷史資料的資料檢視後，我們就來選擇要提取的維度及指標。這些細項都可以選擇不只一個，但也不能超出它的上限。

- Metrics（維度）
- Dimensions（指標）
- Metric filters（維度篩選）
- Dimension filters（指標篩選）
- Sorting（分類）

Step 10

都填寫完畢後我們即可按下「Add report to sheet」按鈕，按下之後還不會馬上開始匯出資料，會先跳出一張工作表，如下圖 2-4-40 所示。

圖 2-4-40

Step 11

　　這個工作表的用意是在讓使用者能夠重新確認一些簡單的資訊，以及對一些剩下的參數進行調整。在這邊各位要注意到提取出的資料其資料時間範圍正是在這個步驟進行設定 (Start Date & End Date)，且年月日格式須使用「-」來做分隔，例如：2022-12-10。另外，各位可以注意到一個項目叫做「Limit」，這是指待會匯出的資料的上限值，預設是 10,000，不過因為每個網站的數據量不一樣，因此這邊我通常會將這個 10,000 刪除，不特別限制匯出的資料筆數。

　　若二次確認這些細項都沒問題後，我們就可以點擊「擴充功能」→「外掛程式」→「Google Analytic 4」→「Run reports」，這時候就會開始匯出資料了。

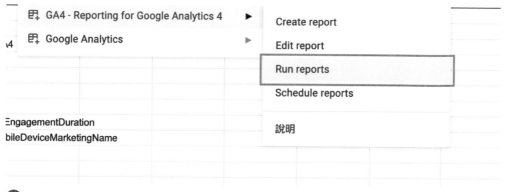

圖 2-4-41

Step 12

　　匯出的資料則會如圖 2-4-42 所示，上方 Report 欄位的部分是一些基本資料，下方第 10 欄開始的部分則是當時我們所設置要匯出的維度與指標等資料。

GA4資料提取 ☆ ▢ ☁
檔案 編輯 查看 插入 格式 資料 工具 擴充功能 說明

↶ ↷ 🖨 🔾 | 100% ▾ | NT$ % .0 .00 123 | 預設 (... ▾ | — 10 + | B I ⊕ A ◈. ⊞ ☰

I11 ▾ | fx

	A	B	C	D	E	F	G	H
1	**Report**							
2	Property	09170106 - GA4 (281236827)						
3	Date range	2022-10-10 - 2022-11-10						
4	Last run	2022/11/10						
5	Total rows	33552						
6	Rows returned	10000						
7	Data thresholdin	No						
8								
9								
10	**Totals**							
11	Country	City	Mobile device n	New users	User engagement duration			
12	--	--	--	1,289,613	222,147,714			
13								
14								
15	Country	City	Mobile device n	New users	User engagement duration			
16	Taiwan	(not set)	(not set)	665,837	76,845,429			
17	(other)	(other)	(other)	269,413	32,559,269			
18	Taiwan	Zhongli District	(not set)	60,932	5,471,917			
19	Hong Kong	(not set)	(not set)	22,675	2,046,775			
20	Taiwan	Taoyuan District	(not set)	12,108	1,872,290			
21	Taiwan	Changhua City	(not set)	7,287	964,595			
22	Taiwan	(not set)	Galaxy A53 5G	5,423	2,282,753			
23	Taiwan	(not set)	Galaxy A52s 5G	4,757	2,551,688			
24	Taiwan	Zhubei City	(not set)	3,962	621,298			
25	Taiwan	Yuanlin City	(not set)	3,087	515,160			
26	Taiwan	(not set)	Galaxy S22 Ultra	2,799	900,236			
27	Taiwan	Pingtung City	(not set)	2,702	467,411			
28	Taiwan	Douliu City	(not set)	2,582	432,029			
29	Taiwan	Tamsui District	(not set)	2,299	371,145			

🔘 2-4-42

　　做到這邊其實也已經大功告成了！接著我們可以將下載下來的 xlsx
檔案做其他使用，又或者我們可以將這個報表先稍微整理一下，將不必要
的欄位刪除，並下載成 csv 檔，因為後續我們要進行的行銷演算法所使用
的示範資料皆為 csv 檔，因此可以先進行資料的預處理唷。

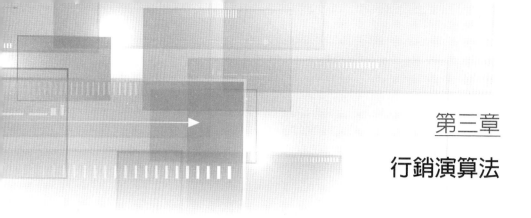

第三章

行銷演算法

　　來到第三個章節「行銷演算法」，就代表我們已經進入了本書的第二個精華。在開始撰寫行銷演算法之前，我們先來聊聊演算法是什麼，以及行銷演算法的重要性吧！

一、演算法是什麼？

　　從第一個章節就開始講到，現今的社會是個充斥著網路及科技產品的社會，因此我們常常會聽到新興職業 YouTuber 在說：「YouTube 演算法又要改了，我們的薪水要變少了。」又或者你可能聽過有人這麼說：「Netflix 的演算法也太爛了吧，總是推薦我一些我不喜歡的影集。」我們其實在日常生活中無意間就會使用到「演算法」這個名詞，但你真的了解演算法是什麼嗎？

　　其實很簡單，「演算法」可以被稱為一個計算過程、一個計算工具，它總是輔助我們完成一些「推斷性」的工作，而這種要完成推斷性工作的角色，其中也正包含著我們常說的「機器學習」所要進行的工作。例如上方所提到的 Netflix 影集推薦系統、YouTube 流量換算薪資系統等等。

　　假如我們以 Netflix 影集推薦系統來舉例演算法所扮演的角色：在觀眾註冊完畢 Netflix 帳號並開始觀看自己喜歡的影集或電影時，這時Netflix 的演算法就會悄悄啟動，它會收錄任何你點選或觀看的影集及電影分別的屬性及其他細節，並透過演算法內的規則來分析及推敲這名觀眾比較偏好的影集及電影類別。因此當這名觀眾觀看完畢這部電影時，Netflix影集推薦演算法（Netflix 影集推薦系統）就會將它所推敲這名觀眾有可

能會喜歡的電影或影集呈現出來，詢問這名觀眾「是否繼續觀看」，若這名觀眾喜歡演算法所推薦出的影集或電影並且繼續收看，那麼這個演算法就算是成功了，因為它成功為企業留下了一名使用者。

由上述例子可以得知，在演算法這個角色開始工作時，系統必須先收集好這個觀眾的歷史觀看記錄中各個電影及影集的屬性與其他細項，接著再透過演算法推斷出類似的電影及影集。因此演算法要設計得精準是一件非常必要的事情，假若 Netflix 影集推薦系統推薦的影集及電影都是你完全沒有興趣的，那麼它真的就算是徹底失敗了。

由此可知，要替一個系統開發一個好的演算法，需要花費大量的時間及人力成本，但假若我們今天並不是要開發一個系統，只是想要透過演算法來輔助我們從既有的數據「推敲」一些結果的話，那麼這個演算法的設計及執行就不會這麼複雜及困難了。

二、行銷演算法又是什麼？

行銷演算法是屬於上一部分所描述演算法的其中一種「類別」而已。大部分的基礎演算法其實可以與機器學習畫上等號，然而將這些機器學習技術應用在行銷領域，將會是一項領先同行的應用技術，因此能夠應用在行銷領域的一些機器學習演算法則被我們稱為行銷演算法 (MarTech)。行銷演算法一樣是一個計算過程、一個計算工具、一個輔助我們完成一些「推斷性」工作的角色，然而行銷演算法又更著重在「行銷」這個領域了。

舉例來說，當一個電子商務企業想要得知特定類型的顧客進入網站後，有可能購買的產品會是什麼，並且刻意展示該產品以增加顧客的購買率，那麼此時就可以透過觀察這個顧客所點擊商品的類別，抑或加入購物車的商品種類來進行購物籃分析，從而得知這名顧客可能會對什麼產品也有興趣，並使用客製化的行銷手法在顧客按下結帳前一刻進行最後一次的推銷，即為我們常在電商看到的「您可能對下列商品也有興趣」這個欄位。而在這邊的購物籃分析就是我們所謂的行銷演算法，也是本書所稱的

MarTech 演算法。透過行銷演算法來進行數據分析並使銷量提升的例子不知凡幾，而最著名的行銷傳說無非是「啤酒與尿布」的故事。

　　這個故事描述著，以前在美國有一家大型超市沃爾瑪 (Walmart)，他們為了要讓販售的各項商品在銷售數量有明顯的提升，於是便使用了數據分析及行銷演算法技術來進行消費者的購買預測及分析結果的視覺化。無意間他們發現在每週五的晚上，啤酒與尿布的銷售量呈現正相關，並且時常出現在同一單消費當中（意即消費者同時購買啤酒與尿布），因此他們便推斷是因為年輕的父親在小週末會至超市購買嬰兒的日常必需品，同時也會順便購買啤酒準備在週末觀看球賽時享受一番。有鑑於此，超市的行銷團隊便建議將啤酒販賣區放置在尿布販賣區旁邊，這樣的做法也成功讓啤酒與尿布的銷量提升了。

　　雖然這則故事在業界被稱為傳說，但也確實點醒了許多行銷人，不拘泥於傳統行銷手法，透過行銷演算法來進行顧客的購買預測可以有效地提升商品銷量。現今的社會，這項技術不僅限於實體零售業者，在線上零售業的世界，行銷演算法更是被加以利用，行銷演算法可以進行購物籃分析來進行「再行銷」的手法，也可以分類來到你網站的消費者並為每個族群量身訂做適合他們的銷售手段。因此在這個充滿網路以及人人都使用電子商務購買產品的時代，若行銷人具備了撰寫行銷演算法的基礎能力，那麼勢必在未來會是一個大加分的技能。

三、監督式 vs. 非監督式

　　在這邊將會分為兩塊來說明，第一塊是監督式 MarTech 演算法，第二塊則是非監督式 MarTech 演算法。我們先來了解監督式與非監督式的差異。

　　監督式演算法的運作邏輯可以被認定為分析**已知領域**分析模式，監督式演算法需要有較繁瑣的前置作業，需要對現有的資料特質進行標記，而進行過往數據特質的標記就有如「定義標準答案」，有了標準答案後，

我們所謂的機器才能依循著這些標準答案來進行演算。而這個標籤的過程是需要透過人工的，它可能會耗費大量時間及精力。打個比方，若我們想讓程式（機器）辨識眼前這個水果是西瓜還是蘋果，那麼我們需要先提供程式大量蘋果與西瓜的照片，並且在每一張照片都明確標註哪一張是西瓜、哪一張是蘋果，讓程式可以藉由這個「標準答案」來進行日後的分類。那麼可想而知，你提供越多的線索及照片來訓練機器，機器的判斷便會更加精準。

非監督式演算法則是少了對現有資料特質進行標記的這項動作，會運用到這項技術的數據都是無須被標記的，而在這些數據裡它們只有特徵而無標籤，因此不需花費大量人力及時間來進行「貼標籤」的動作，不過也理所當然地沒有了標準答案，僅能透過特質來區分出兩大類型之類，而不能判斷出這項物品「是什麼」。

若要再舉一個例子來區隔監督式演算法及非監督式演算法，我最常使用的例子是「小孩辨識新事物」，在孩子還小，資源、時間有限的情況下，年輕爸媽總會買一些動物或是物件圖卡給孩子看，當孩子看到圖卡上的圖案並且閱讀到一張下方的描述為「小狗」，而另一張為「小貓」時，孩子們就會將這張圖案與「小狗」這個詞彙畫上等號，並將另一張圖案與「小貓」這個詞彙畫上等號。在有了這樣的先決知識下，孩子日後在路上看到與當時在圖卡上看到的「小狗」很相似的對象時，就會說：「這是小狗！」而看到與當時在圖卡上看到的「小貓」相似的物體時，則會說：「這是小貓！」而這樣就如同我們的監督式機器學習運算邏輯一般，事先給出一個既定答案，未來遇到類似特徵的事物時再判斷它們為一夥。

那麼非監督式學習之於這個例子呢？假設這對年輕父母想法非常新穎，不先讓孩子們閱讀動物圖鑑，而讓孩子們自己去路上直接觀察，此時孩子在沒有任何先決答案的條件下於路上觀察這些動物，仍會有一些結果，因為孩子們會發現這些動物的「特徵」，例如動物的叫聲（狗是：「汪！」貓是：「喵～」），如此一來雖然孩子們並不知道會叫「汪」的是狗，會叫「喵」的是貓，不過仍會知道牠們是屬於同一夥的，事後再回

來跟爸爸媽媽說他今天看到一群同樣特徵的動物，而此時爸爸媽媽會再告訴孩子：會叫「汪」的是狗，會叫「喵」的是貓。這樣子的流程就是屬於非監督式機器學習的運算邏輯過程，一開始我們不會給出一個特定答案，而讓機器自行尋找每一筆數據之間的特徵，最後再由我們來賦予有相同特徵的這一群該如何稱呼。

監督式與非監督式各有其優缺點，針對不同的數據型態及想分析出的結果呈現方式，這兩種演算類型都會被應用到。而接下來將會針對這兩種類別來進行行銷領域的應用解說，及幾個常用演算法的程式碼撰寫教學。

四、監督式 MarTech 演算法

在上一部分我們初步了解到監督式機器學習的應用邏輯，可以得知若要使用監督式的機器學習方法，我們必須爲數據貼上「標籤」，這種做法雖然耗時費力，卻能有「預測未來」的成果，而究竟哪幾種產業類別比較常使用到監督式機器學習呢？根據 Tech Emergence 於 2016 年研究顯示，在眾多產業中**行銷與廣告**領域最常使用到機器學習，而在研究中也表示了行銷和廣告領域最常使用到機器學習的原因，在於他們需要預測銷售狀況及評估產品未來**趨勢**。由此可知，這領域的專家們所使用的機器學習種類大多都屬於「監督式機器學習」，我們將監督式機器學習應用在常見的領域如下：

· 零售業
· CPG（消費性民生用品）
· 觀光業
· 交通業
· 娛樂業

當然，監督式演算法並非只應用在這五大產業，只不過是這五大產業最常使用到監督式演算法而已，因此你也有很大的機會在其他產業看到監督式演算法的應用。那麼我們現在就來看看，市面上有哪些應用監督式機

器學習為自家產品產生更大價值的實際案例吧！

• Netflix

　　Netflix 是現在人人都會下載並註冊觀看影劇的影音平台，然而它究竟為什麼會茁壯得如此快速且強大呢？不知道各位有沒有一個印象，在我們看完 Netflix 熱門影集《紙房子》時，看完的那個當下 Netflix 會跳出一個介面顯示「你可能也喜歡的」，此時它可能會推出像是《紙牌屋》之類的犯罪動作片。這就是能讓使用者一直瘋狂看下去，並對 Netflix 愛不釋手的原因，也正是這個原因讓 Netflix 可以非常快速地累積資金並成為影音媒體產業的巨擘之一。Netflix 透過觀察客戶當前所看的這部影片、這齣劇背後的標籤，來推測使用者可能的興趣關聯為何，講白一點，當我們在看《紙房子》、《玩命關頭》之類的電影或影集時，它們都會有所屬的標籤，例如：犯罪、暴力、血腥等，這些標籤是影集、電影上傳者在上傳這些影片時會順帶附加上去的，而 Netflix 的演算法再透過客戶的消費習慣（在此則是消費者的觀看行為）去判斷消費者可能會喜歡的影音種類，這也正是為什麼 Netflix 都會推薦跟觀眾剛看完的電影類似屬性的電影，因此你不太可能會遇到剛看完精彩又刺激的《玩命關頭 9》後，Netflix 推薦你看《寶可夢》劇場版的情形。這樣的演算過程歸咎於標籤的定位，這也正是發揮了監督式演算法的功能，所以在這邊各位應該也可以了解到標籤的重要性，若標籤貼錯，那麼演算法也不會將你的作品推薦給合適的消費者。

• 自動駕駛系統

　　現在汽車產業討論度最高的功能非「自動駕駛」莫屬，以前我們都會討論車子的「避震」、「加速」等等功能如何，雖然也不是說現在都不會討論了，但是因為人工智慧的蓬勃發展，這些功能的討論度已經被「自動駕駛」的話題給蓋過去，而自動駕駛系統也是透過監督式演算法所訓練而成。以 Tesla 舉例，當我們開著 Tesla 在路上奔馳時，Tesla 的攝影機隨時在為馬斯克記錄消費者開車所遇到的數據，在這樣累積了大量的數據

後，Tesla 的工程師就會透過這些數據來貼標籤，告訴演算法「車道線」的正確位置、「障礙物」的可能形狀是如何，並不斷地透過新的數據來修正他們的自動駕駛系統。也正因如此，現在的自動駕駛系統相較於一年前，甚至半年前，會有很明顯的進步，因為消費者一直在幫公司累積行徑路段的資料，讓公司可以加以修正他們的自動駕駛系統，這也正是為什麼 Tesla 可以一直更新他們的系統，並讓自動駕駛系統更為精準的原因。

透過簡單地介紹監督式演算法的應用例子後，我們就先從最簡單的監督式演算法來實作練習吧！

(一) 單變量線性回歸 (Simple Linear Regression)

首先我們要學習的是線性回歸演算法，透過單變量線性回歸演算法，可以了解兩項數值的關係，若從 GA4 所採集的數據角度來看的話，可以分析「網頁造訪者年紀與其跳出率之相關性」、「廣告發布數量與網站瀏覽量之相關性」等等。

單變量線性回歸的運作邏輯就猶如下方這項公式，將一個數值 X 導入到一個公式中，我們便可以求出 y 值。而在機器學習的領域，這個公式就是一套演算法。因此在單變量線性回歸演算法中，我們投入了一筆數據 (X)，透過訓練並強化這個演算法，我們日後再放入另一個 X 值，這個演算法就可以幫助我們預測出相對應的 y 值。

$$y = b0 + b1X$$

而單變量線性回歸演算法的結果呈現示意圖就如圖 3-4-1，透過每項數據的兩個參數來將各個資料放置在座標上，接著再透過演算法計算出一條直線，使每個數據點都與其正下方或正上方所遇到直線上的那一點成最短距離，而計算出的這條直線正是線性回歸演算法中的回歸直線。回歸直線的意義一部分表示著這筆數據的關係，另一部分描述著這筆數據未來可能的趨勢是如何。

　　若這筆數據的各個資料與該直線距離非常近，意指各筆資料分布較為集中，此時就代表這筆數據的兩項參數其相關係數趨近於 1 或 -1，也代表著是高相關性的關係。相關係數爲正號，代表數據的兩參數成正相關，若爲 1 則爲完全正相關；相關係數爲負號，代表數據的兩參數成負相關，若爲 -1 則爲完全負相關。

　　當然，無論是當前所學習的線性回歸演算法，或是待會要介紹的其他演算法，它們都並非只適用於 GA4 的數據，你也可以使用這個演算法來分析你自己數據的兩筆資料以觀察其相關性。若要拿來分析 GA4 數據的話，也會因公司不同部門的需求而自行選擇欲分析的兩項參數，因此只要是數值，皆可以拿來進行相關性的分析，在此我們就不特別針對 GA4 才有的數據種類進行程式碼的撰寫，這樣一來，日後你要分析不同類型的數據時，一樣可以透過這本書來重溫如何撰寫演算法的程式碼。那麼，我們就先來學習線性回歸演算法要如何透過程式碼撰寫出來吧！（使用的程式語言爲 Python，開發環境是 Google Colab。）

　　在這一部分，所使用的數據範例是「工作年資」及「薪水」，我們將透過線性回歸演算法探討「年資的高低」與「薪水的高低」是否會有關聯。

Salary_Data

YearsExperience	Salary
1.1	39343.00
1.3	46205.00
1.5	37731.00
2.0	43525.00
2.2	39891.00
2.9	56642.00

圖 3-4-1

Step 1

新增一個 ipynb 檔案，並將它命名為 simple_linear_regression.ipynb。

Step 2

安裝導入資料所需要使用到的套件。

```
[1] import numpy as np
    import matplotlib.pyplot as plt
    import pandas as pd
```

圖3-4-2

1. numpy 是 Python 語法裡面一個可以方便我們建立矩陣並處理大量矩陣運算的一個套件。
2. pyplot 則是 matplotlib 套件底下的子套件，它是一個我們常用的繪圖模組，可以繪出折線圖、長條圖、圓餅圖等等。
3. 而 pandas 是一個 Python 用來處理資料的工具，可以讀取各種檔案轉成欄列式資料格式，進而過濾或是進行資料前處理，通常在進行資料處理時都會使用到這個套件。

Step 3

導入套件後我們要將欲使用的數據匯入程式碼中，因此在這邊要將 Salary_Data.csv 檔案內的數據放入 dataset 變數中，接著再分別將 dataset 這筆數據裡面 YearsExperience 欄位的各項數值放入 X 變數；Salary 欄位的各項數值放入 y 變數。

```
[2] dataset = pd.read_csv('Salary_Data.csv')
    X = dataset.iloc[:, :-1].values
    y = dataset.iloc[:, -1].values
```

圖3-4-3

　　此時若你 print 出 X 和 y 變數的內容物時，應該會呈現下列結果：

```
⏵ X

⌐→ array([[ 1.1],
          [ 1.3],
          [ 1.5],
          [ 2. ],
          [ 2.2],
          [ 2.9],
          [ 3. ],
          [ 3.2],
          [ 3.2],
          [ 3.7],
          [ 3.9],
          [ 4. ],
          [ 4. ],
          [ 4.1],
          [ 4.5],
          [ 4.9],
          [ 5.1],
          [ 5.3],
          [ 5.9],
          [ 6. ],
          [ 6.8],
          [ 7.1],
          [ 7.9],
          [ 8.2],
          [ 8.7],
          [ 9. ],
          [ 9.5],
          [ 9.6],
          [10.3],
          [10.5]])
```

圖 3-4-4

```
⏵ y

array([ 39343.,  46205.,  37731.,  43525.,  39891.,  56642.,  60150.,
        54445.,  64445.,  57189.,  63218.,  55794.,  56957.,  57081.,
        61111.,  67938.,  66029.,  83088.,  81363.,  93940.,  91738.,
        98273., 101302., 113812., 109431., 105582., 116969., 112635.,
       122391., 121872.])
```

圖 3-4-5

Step 4

　　進行機器學習的時候，需區分訓練用資料以及測試用資料，因此我們需要再從 sklearn.model_selection 導入 train_test_split 套件，藉由 train_test_split() 套件將資料拆分成訓練集與測試集，而套件中的前兩個參數為要拆分的兩筆數據，在此則為原始 X 及 y 變數內的資料；第三個參數 test_size 是測試集所占總比數據的比例，你可以把它想像成是預測過後要對照的「答案」，若測試集比例越低，相對的訓練集比例就會越高，意思就是你可以用更多的數據來訓練這個預測模型。因此，若訓練集有足夠多筆數據，那麼訓練出來的模型也會預測得更準確；但另一方面我們也不可能將全部的數據都拿來訓練，因為這樣就沒有足夠的「答案」來看訓練出來的模型其預測出的結果是否精準，因此在這裡我們就將測試集的資料占比暫定為 30%，在 test_size 的這個參數後面我們就輸入 = 0.3。

```
[11] from sklearn.model_selection import train_test_split
     X_train, X_test, y_train, y_test = train_test_split(X, y, test_size = 0.3)
```
圖 3-4-6

Step 5

　　接下來就要開始撰寫線性回歸模型。在此我們需要再從 sklearn.linear_model 導入 LinearRegression 套件，透過 LinearRegression() 產生出回歸模型，並放置在等號左邊 regressor 變數中。再來，透過 fit() 將上一步驟我們分好的 X 和 y 訓練集參入回歸模型 regressor 內。

```
[12] from sklearn.linear_model import LinearRegression
     regressor = LinearRegression()
     regressor.fit(X_train, y_train)
```
圖 3-4-7

Step 6

　　將訓練集導入回歸模型並按下執行鈕之後，我們就可以來預測數值了，在這邊我們透過 X_test 數值來預測對應的 y 數值，意指我們透過原始數據裡的工作年資來預測其相對應的薪水（即預測的 y），再將預測出的結果放入 y_pred 中。

　　在此你可能會有些許疑惑：「那麼 y_test 是要做什麼用的呢？」y_test 其實正是測試集裡面工作年資所對應到的真正薪水，因此後續你可以透過比對 y_pred 及 y_test 是否相近，來判斷這個回歸模型是否預測得精準。

```
[15] y_pred = regressor.predict(X_test)
```

圖3-4-8

Step 7

　　接著就要來觀察我們所預測的數值是否與原始數據相近，並進一步判斷這個回歸模型是否預測得精準。為方便讓各位讀者閱讀，我將把說明的部分放置在各段程式碼上方。

```
[22] #繪製由X_train及y_train構成的散布圖（皆為原始資料，但是是訓練集）
plt.scatter(X_train, y_train, color = 'red')

#繪製由X_train及透過X_train預測出的y資料所構成的折線圖
plt.plot(X_train, regressor.predict(X_train), color = 'blue')

#為圖表命名
plt.title('Salary vs Experience (Training set)')

#為X軸命名
plt.xlabel('Years of Experience')

#為Y軸命名
plt.ylabel('Salary')

#展現圖表
plt.show()
```

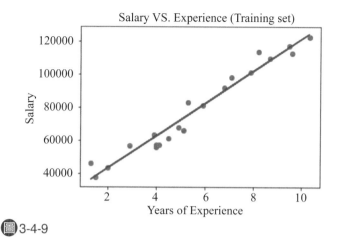

圖 3-4-9

透過原始資料中的訓練集工資（紅點）及預測出的工資（藍線），可觀察到其預測出的工資與我們使用的訓練集的工資相當貼近，因此證明我們的回歸模型是有正確被訓練的。那麼接下來，我們就要驗證我們所訓練出的這個回歸模型其預測能力是否準確，因此我們將使用原始資料中的測試集工資來與預測出的工資進行繪圖，觀察原始資料中的測試集工資分布是否也會貼近上方藍線。

[23] 　#繪製由X_test及y_test構成的散布圖（皆為原始資料，但是是測試集，即為未納入模型訓練的數據）
```
plt.scatter(X_test, y_test, color = 'red')

#繪製由X_train及透過X_train預測出的y資料所構成的折線圖
plt.plot(X_train, regressor.predict(X_train), color = 'blue')

#為圖表命名
plt.title('Salary vs Experience (Test set)')

#為X軸命名
plt.xlabel('Years of Experience')

#為Y軸命名
plt.ylabel('Salary')

#展現圖表
plt.show()
```

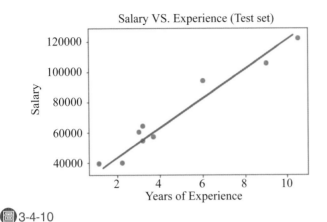

圖3-4-10

　　觀察圖 3-4-10 的結果可以得知，我們所訓練出的模型，其預測的結果與未納入模型訓練的數據（即為測試集）有非常相近的結果呈現，因此我們可以得知這個回歸模型除了正常運作外，也具有一定程度的預測能力。

　　透過單變量線性回歸我們可以得知兩筆數值的相關性是如何，並從中進一步預測未來趨勢及可能的數值，這樣一來就可以作為未來行銷策略擬定的參考依據。

(二) 多變量線性回歸 (Multiple Linear Regression)

　　學習完單變量線性回歸後，你可能多少可以進行一些簡單的數據預測，然而你可能會發現，它其實沒有想像中那麼實用，在生活中大多數的情況，並非如單變量線性回歸一般可以透過「一個參數」就得到一個答案，在商業模式中往往我們要預測的結果是由多種變因所組成的，在 GA4 的世界亦是。

　　若我們想透過 GA4 的數據進行結果的預測，以輔助我們制定行銷策略，往往會需要透過多個變因來協助預測結果，舉例來說，當一個電商平台想根據過往網站數據來預測購買轉換率的表現，那麼影響預測轉換率的參數指標可能會有「單次工作階段頁數」、「廣告受眾精準度」、「跳出

率」等等，那這樣一來單變量線性回歸就不能滿足我們了，因此我們就需要使用**多變量線性回歸演算法**，透過多變量線性回歸演算法，我們可以透過兩個以上的參數來預測結果。

而多變量線性回歸演算法的運作邏輯就猶如底下這個公式，多變量線性回歸的公式與單變量線性回歸的公式，僅差在訓練並強化模型的 X 值可導入一個種類以上的值，也就是說我們可以透過增加自變數來增加我們對於產生應變數的精準度。

$$y = b0 + b1X1 + b2X2 + b3X3 + \cdots\cdots$$

用上一部分我們實際操作的數據舉個例子，今天會影響「薪資（y值）」的原因可能不只有工資，可能還包含了「工作地點」、「性別」等等，那麼在此我們就可以透過多變量線性回歸來進行薪資的預測。

就如同單變量線性回歸一樣，多變量線性回歸並不只侷限於 GA4 的資料，且若要使用 GA4 的數據，也會因為分析目的及各部門對於預測結果要用哪幾項數據作為模型建置的訓練集而有所不同，因此在這邊我們就用相對單純的數據來為各位解說，只要學習完畢，無論你要用何種數據來進行模型上的訓練，相信都能如魚得水。

在這一部分，所使用的數據範例是建立在 50 家匿名企業上，我們要透過訓練各家企業「研發支出」、「行政管理支出」、「行銷支出」以及「企業所在位置」的數據，來預測「利潤」。

50_Startups

R&D Spend	Administration	Marketing Spend	State	Profit
165349.2	136897.8	471784.1	Taipei	192261.83
162597.7	151377.59	443898.53	Taichung	191792.06
153441.51	101145.55	407934.54	Kaohsiung	191050.39
144372.41	118671.85	383199.62	Taipei	182901.99
142107.34	91391.77	366168.42	Kaohsiung	166187.94
131876.9	99814.71	362861.36	Taipei	156991.12
134615.46	147198.87	127716.82	Taichung	156122.51
130298.13	145530.06	323876.68	Kaohsiung	155752.6

📷 3-4-11

Step 1

新增一個 ipynb 檔案，並爲它命名爲 Multiple_linear_regression.ipynb。

Step 2

一樣要先安裝導入資料所需要使用到的套件，各套件的說明可以在「單變量線性回歸」的 Step 2 中查看。

```
[1]  import numpy as np
     import matplotlib.pyplot as plt
     import pandas as pd
```

📷 3-4-12

Step 3

導入套件後我們要將欲使用的數據匯入程式碼中，因此在這邊要將 50_Startups.csv 檔案內的數據放入 dataset 變數中。

```
[29] dataset = pd.read_csv('50_Startups.csv')
```

圖 3-4-13

　　接著，照理來說我們應該要開始將原始數據區分為訓練集和測試集，但在圖 3-4-14 中，由這一部分的數據範例裡面我們可以觀察到，有一筆數據的內容物並非數值，也就是「企業所在位置」這筆數據。

```
[30] dataset
```

	R&D Spend	Administration	Marketing Spend	State	Profit
0	165349.20	136897.80	471784.10	Taipei	192261.83
1	162597.70	151377.59	443898.53	Taichung	191792.06
2	153441.51	101145.55	407934.54	Kaohsiung	191050.39
3	144372.41	118671.85	383199.62	Taipei	182901.99
4	142107.34	91391.77	366168.42	Kaohsiung	166187.94
5	131876.90	99814.71	362861.36	Taipei	156991.12
6	134615.46	147198.87	127716.82	Taichung	156122.51

圖 3-4-14

　　在先前的線性回歸演算法說明有提到，若要使用這個演算法來進行模型的建置及結果的預測，我們所使用的數據都必須屬於「數值型態」，但在這邊，企業所在位置因為包含了三個區域，分別為「台北 (Taipei)」、「台中 (Taichung)」、「高雄 (Kaohsiung)」，它們都是屬於「類別型態」的數據內容，因此沒辦法直接使用這一筆數據。

Step 4

　　因此，為了要繼續使用這筆數據來作為我們建構回歸模型的其中一項參數，但又讓它可以符合「數值型態」的樣子，所以在這邊我們要先給這

一筆數據進行改造。而我們使用的方式是要將類別數據進行編碼，編碼的原理如下圖 3-4-15 所示。

			Kaohsiung	Taichung	Taipei
0	Taipei	0	0	0	1
1	Taichung	1	0	1	0
2	Kaohsiung	2	1	0	0
3	Taipei	3	0	0	1
4	Kaohsiung	4	1	0	0
5	Taipei	5	0	0	1
6	Taichung	6	0	1	0
7	Kaohsiung	7	1	0	0

圖 3-4-15

　　因為該筆數據的內容只有三個種類，即台北、台中和高雄，因此我們可以採用（台北, 台中, 高雄）的數值表示方式來呈現。舉例來說若該筆資料為台中，則座標裡台北及高雄的部分則以 0 來表示，至於座標裡台中的部分就以 1 來表示，因此可以表示為 (0, 1, 0)；若該筆資料的企業位置為台北，則以 (1, 0, 0) 來進行表示，以此類推。如此一來，便可有效地將類別型態變數以一個欄位轉換為三個數值型態欄位來作為替代。

　　而能夠進行這樣的變換，我們可以用多變量線性回歸的公式來解釋，根據原始數據，我們有四項自變數 (X)，分別為「研發支出」、「行政管理支出」、「行銷支出」以及「企業所在位置」，因此我們可以用這個公式來表示：

$$y = b0 + b1X1 + b2X2 + b3X3 + b4X4$$

　　然而，因為 X4 的數據為類別型態，所以透過為類別型態數據編碼，會將原本一筆的類別型態資料，轉換為三筆（台北、台中、高雄）數據型

態資料，因此可轉換為下列公式表示：

$$y = b0 + b1X1 + b2X2 + b3X3 + b4D1 + b5D2 + b6D3$$

　　而若要透過簡單的程式碼來處理類別型態資料的方式，首先我們先把要作為預測結果且不需轉換的「利潤 (y)」提取出來，並存放在 y 變數中，其程式碼撰寫過程及 y 變數內容如圖 3-4-16 所示。

```
[32] y = dataset.iloc[:, -1].values
     y

array([192261.83, 191792.06, 191050.39, 182901.99, 166187.94, 156991.12,
       156122.51, 155752.6 , 152211.77, 149759.96, 146121.95, 144259.4 ,
       141585.52, 134307.35, 132602.65, 129917.04, 126992.93, 125370.37,
       124266.9 , 122776.86, 118474.03, 111313.02, 110352.25, 108733.99,
       108552.04, 107404.34, 105733.54, 105008.31, 103282.38, 101004.64,
        99937.59,  97483.56,  97427.84,  96778.92,  96712.8 ,  96479.51,
        90708.19,  89949.14,  81229.06,  81005.76,  78239.91,  77798.83,
        71498.49,  69758.98,  65200.33,  64926.08,  49490.75,  42559.73,
        35673.41,  14681.4 ])
```

圖 3-4-16

　　接著，將要作為預測依據的自變數中「企業所在位置」提取出來進行轉換為數值型態的動作，其中我們將轉換好數值型態的「企業所在位置」取代原先類別型態的「企業所在位置」。

```
[47] #提取類別數據並進行轉換
     state = pd.get_dummies(dataset['State'])

     #刪除原始資料中類別型態的「企業所在位置」及已放入y變數的「利潤」
     dataset = dataset.drop('State', axis=1)
     dataset = dataset.drop('Profit', axis=1)

     #將轉換好的數值型態的「企業所在位置」與原始數據合併
     dataset = pd.concat([dataset, state], axis=1)
```

圖 3-4-17

此時，我們的預測依據「研發支出」、「行政管理支出」、「行銷支出」以及「企業所在位置」，則會如圖 3-4-18 呈現。

```
[48] dataset
```

	R&D Spend	Administration	Marketing Spend	Kaohsiung	Taichung	Taipei
0	165349.20	136897.80	471784.10	0	0	1
1	162597.70	151377.59	443898.53	0	1	0
2	153441.51	101145.55	407934.54	1	0	0
3	144372.41	118671.85	383199.62	0	0	1
4	142107.34	91391.77	366168.42	1	0	0
5	131876.90	99814.71	362861.36	0	0	1
6	134615.46	147198.87	127716.82	0	1	0
7	130298.13	145530.06	323876.68	1	0	0

圖 3-4-18

最後，再分別將改造過的 dataset 這筆數據轉換為矩陣型態並放入 X 變數。這時我們便成功進行了如同上一個單元「單變量線性回歸」，將原始數據依照自變數及應變數分類的環節。

```
[56] X = dataset.iloc[:, :].values
```

圖 3-4-19

Step 5

接著，我們就將 X 和 y 分為訓練集和測試集，那麼這一步驟與下一個步驟就與「單變量線性回歸」的操作相同，在此就不多做贅述。

```
[11] from sklearn.model_selection import train_test_split
     X_train, X_test, y_train, y_test = train_test_split(X, y, test_size = 0.3)
```

圖 3-4-20

Step 6

從 sklearn.linear_model 導入 LinearRegression 套件，透過 LinearRegression() 產生出回歸模型，並放置在等號左邊 regressor 變數中。再透過 fit() 將上一步驟我們分好的 X 和 y 訓練集參入回歸模型 regressor 內，進行模型的訓練。

```
[59] from sklearn.linear_model import LinearRegression
     regressor = LinearRegression()
     regressor.fit(X_train, y_train)
```

圖 3-4-21

Step 7

最後我們便可以透過 X_test 來預測 y 值，我們將預測出的值放入 y_pred 變數中。

```
[63] y_pred = regressor.predict(X_test)
```

圖 3-4-22

我們可以將預測出的 y_pred 與原始資料分出的 y_test 來進行比對，觀察數值是否相近。

```
[60] y_test
     array([103282.38, 144259.4 , 146121.95,  77798.83, 191050.39, 105008.31,
            81229.06,  97483.56, 110352.25, 166187.94])
```

```
[62] y_pred
     array([103015.2 , 132582.28, 132447.74,  71976.1 , 178537.48, 116161.24,
            67851.69,  98791.73, 113969.44, 167921.07])
```

圖 3-4-23

Step 8

　　但因爲我們所進行的是多變量回歸分析，意指預測出的結果是依據許多不同類別的數據所產生的，因此我們不可能繪製出一個多維度的折線圖及散布圖。那麼此時你一定很納悶，這樣一來該如何判斷我們所訓練出的這個預測模型是否準確呢？

　　在這個部分就需要使用到一點統計學的概念了，我們可以透過 sklearn.metrics 內的 r2_score 來進行指標上的判斷，r2_score 在統計學上的意義是類似於使用 2 的平方來對整個模型分數評估，因此我們就拿 y_pred 與 y_test 來進行分數上的測試，若這個分數趨近於 1，就代表它算是一個準確的預測模型。

```
[12] from sklearn.metrics import r2_score
     score = r2_score(y_test, y_pred)
     score

     0.9347068473282425
```

圖 3-4-24

(三) 決策樹 (Decision Tree)

　　接下來進入本書所要介紹的第三個監督式學習演算法 —— 決策樹。決策樹可以用來處理回歸及分類兩大問題，因此相對於前兩者演算法更加複雜一些，不過在這邊我將會用淺顯易懂的方式讓各位讀者了解決策樹演算法的運算邏輯、應用場景及程式碼實作部分。

　　首先我們先來聊聊回歸決策樹及分類決策樹的差異，其實這兩種樹極其相似，僅差在處理的數據是什麼樣的型態而已，若今天要處理的數據屬於連續型態的數值，那麼使用的就是回歸決策樹；若我們要處理的數據屬於類別型態，就使用分類決策樹，那麼究竟什麼叫做「連續型」和「類別型」數值呢？其實很簡單，只要數據看起來屬於**一連串的數字**且**重複性不**

高，那就屬於連續型的數據；而若資料僅有**少數幾個數值**且**重複性高**，那就屬於類別型的資料。而不管回歸決策樹還是分類決策樹的運算邏輯也是幾乎一樣的，因此在這裡我們不講艱澀的數學及統計理論，我們以簡單圖像化的方式來讓各位讀者理解決策樹究竟怎麼運行。

其實，決策樹這一棵樹可以把它想像成是一棵「倒過來」的樹，它的根是在最頂端，也就是最一開始的部分，接著透過各個樹枝向下分枝延伸，最後在最下面會產生許許多多的葉子。而這些葉子之所以會成為葉子的原因，在於它不能再被分割了。

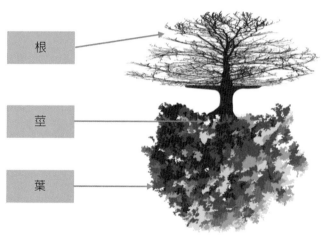

根

莖

葉

📖3-4-25

每一個分枝都是一次的決策，意指從根部開始，每往下進入一個樹枝的節點都要經過一次的決策判斷，而我們如何得知要根據什麼條件來作為判斷的依據？這時就要透過特徵來進行輔助。舉例來說，你要判斷一群人當中有多少人是有錢人，若以「開什麼車」來作為判斷特徵，此時你有很大的機率製造出一個不良的決策樹，因為並非只要是有錢人就開名車，也並非一般上班族就不開名車，而你對名車的定義是如何，也都會影響決策判斷。因此在這個例子我們可以使用「年收入是多少」來作為判斷特徵會更加恰當一些，但當然以這個來作為特徵也並非百分之百，仍會有多少誤

差，但相較於以「開什麼車」來作為一開始的篩選特徵（根部），「年收入是多少」反而更加恰當。

　　再舉一個例子，若你要判斷一個披薩當前的狀態是好吃還是不好吃的時候（先不論個人口味），我們可能會先判斷這個披薩有沒有冷掉，若冷掉的話，無論師傅做得再美味，想必都一定沒有那麼好吃，因此這時「溫度」就成為了我們的根部特徵。若今天披薩的溫度小於攝氏 50 度，那麼我們就可以初步判定為難吃的披薩；披薩溫度大於攝氏 50 度則判斷為好吃的披薩；但太燙可能也無法下口，於是若披薩溫度大過攝氏 55 度，那麼我們也將它判定為難吃的披薩，因此好吃的披薩我們就把它的溫度設定介於攝氏 50 度至攝氏 55 度之間，超過或小於這個溫度區間的披薩就歸類為難吃。然而溫度雖然是我們聯想到最主要的影響因素，但其實還存在著許多會影響披薩好吃與否的因素，例如：「披薩溼度」，太溼會讓人覺得噁心，太乾則會讓人覺得難以下嚥，因此披薩的「溼度」就可以成為我們決策樹第二層的判斷特徵，若在第一階段（溫度）篩選出來為好吃的披薩，就會進入到決策樹的第二階段，開始以這些通過第一階段考驗的披薩，作為母體來判斷它的「溼度」是否合乎標準。而到最後當我們沒有辦

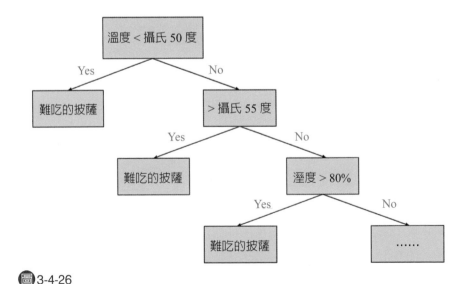

圖 3-4-26

法再找到更細的特徵來作爲判斷依據時，這時決策樹的建置也就算完成了，因爲我們已經將整個判斷過程往下延伸至最細的判斷依據，就如同葉子不可能再長出樹枝、生出葉子。

透過上述的例子，讀者們應該可以了解，若要使用決策樹演算法來進行資料的預測，我們必須要有一項重要的條件，那就是「數據特徵」，且這筆數據的特徵不能只有一個，因爲只有一個特徵和一兩個維度的數據，在使用決策樹時會顯得毫無意義。

不過上述這些例子是因爲非常生活化，所以我們才可以快速抓到要以什麼樣的「特徵」來作爲判斷依據，但若我們要針對一筆數據進行分析或進行預測時，我們不太可能直接用肉眼就觀察出這一大筆數據有什麼樣的特徵、該使用哪個特徵作爲根部的初次篩選等等。因此決策樹強大的地方就來了，它可以幫助我們了解數據「分裂」的點在哪裡，但這個過程是相當複雜的，因爲它牽扯到一個叫做「熵」的東西，其含括了複雜的數學及統計學。基於本書是要讓各位讀者了解大數據演算法對於行銷領域的應用，因此在本書並不會深入探討熵，我們只需要知道透過這些指標的高與低，可以理解哪些條件能夠作爲判斷的特徵，進一步讓我們使用它來進行篩選及預測。

透過這些指標，讓我們釐清誰可以用來作爲判斷特徵，而我們也仍須了解決策樹在面對數據時的運算邏輯，因此我們就來看圖 3-4-27，這張散布圖代表著一個數據集的兩個自變數 X1 和 X2，意指這張圖的兩個維度皆爲該筆數據所提供給我們的「線索」，至於答案也就是我們要求出的值，則爲應變數 Y，其位於第三維度，如圖 3-4-28。

現在我們要透過決策樹的運算邏輯來將這筆數據進行分割，這張散布圖中的數據可能會被你切割成好幾塊，而它切割的依據則是依照這筆數據的「特徵」，就如同我們上述例子要將一群人區分出誰是有錢人時，可以用到「年收入」來作爲數據的特徵；或是要區分披薩是否好吃，可以用披薩的「溫度」、「溼度」來作爲好吃與否的特徵，圖 3-4-27 依照特徵切割後的示意圖可以如圖 3-4-29 所示。

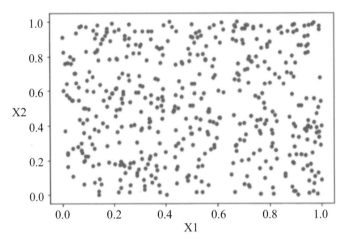

圖 3-4-27

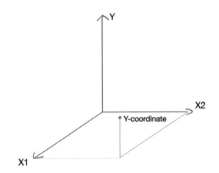

圖 3-4-28

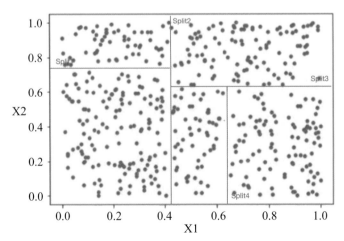

圖 3-4-29

　　理解完畢決策樹的運算邏輯後，我們就可以開始實作了，在這次的實作，我們將分成兩個區塊——回歸決策樹 & 分類決策樹。

1. 回歸決策樹 (Regression Decision Tree)

　　首先我們要實作的是使用回歸決策樹來分析一家公司的職位與其薪資的相關性，方便日後輸入員工職位時可以自動判斷出其相對應的工資。在此所使用的數據範例是一家公司的職位數據，其中包含了「職位別名稱」、「職位等級」以及最重要的「薪資」。不過在這邊要提醒各位讀者，決策樹回歸模型並不適合分析這種一個特徵和一個應變數的簡單數據集，這邊會使用該筆數據的原因在於讓讀者們能夠更一目了然決策樹程式碼的撰寫邏輯。但話雖如此，請各位讀者不用擔心，因為我們即將建構的決策樹模型仍可以在其他有數個特徵的數據集上進行資料的分析。

	Position	Level	Salary
1			
2	Business Analyst	1	45000
3	Junior Consultant	2	50000
4	Senior Consultant	3	60000
5	Manager	4	80000
6	Country Manager	5	110000
7	Region Manager	6	150000
8	Partner	7	200000
9	Senior Partner	8	300000
10	C-level	9	500000
11	CEO	10	1000000

圖3-4-30

Step 1

　　新增一個 ipynb 檔案，並將它命名為 decision_tree_regression.ipynb。

Step 2

一樣要先安裝導入資料所需要使用到的套件。

```
[ ]   import numpy as np
      import matplotlib.pyplot as plt
      import pandas as pd
```

圖3-4-31

Step 3

　　導入套件後我們要將欲使用的數據匯入程式碼中，因此在這邊要將 Position_Salaries.csv 檔案內的數據放入 dataset 變數中。接著，原訂應該要將「職位別」作為自變數，然而因為職位別是屬於類別型態的資料，因此在這邊剛好右邊的「Level」欄位正是「職位別」量化過後的結果，於是我們將 dataset 裡面 Level 欄位的各項數值放入 X 變數，Salary 欄位的各項數值放入 y 變數。其程式碼撰寫過程及執行結果應如下圖 3-4-32~3-4-34 所示。

```
[ ]   dataset = pd.read_csv('Position_Salaries.csv')
      X = dataset.iloc[:, 1:-1].values
      y = dataset.iloc[:, -1].values
```

圖3-4-32

```
[3]   X

      array([[ 1],
             [ 2],
             [ 3],
             [ 4],
             [ 5],
             [ 6],
             [ 7],
             [ 8],
             [ 9],
             [10]])
```

圖3-4-33

```
[ ] y

    array([  45000,   50000,   60000,   80000,  110000,  150000,  200000,
           300000,  500000, 1000000])
```
圖3-4-34

Step 4

同樣都是在進行回歸分析，但在進行單變量及多變量線性回歸時我們需要將資料集拆分為訓練集和測試集，而在決策樹模型及下一章節會提到的隨機森林模型則都不需要將資料集拆分為訓練集和測試集，因為決策樹回歸模型與隨機森林回歸模型的預測結果是針對數據的特徵進行資料的拆分所得到的，也就是透過一棵樹不同的節點所拆分而成的，因此不需將整筆資料進行訓練集和測試集的拆分。

了解過後我們即可開始建立一棵決策樹，建立決策樹的方式非常簡單，就如同前面要建立一個線性回歸模型一樣，透過 sklearn 套件直接建立一個決策樹模型，也就是先建立一棵樹。

然而在這邊所建立的這棵樹本身是無任何意義的，因此我們需賦予它一個意義，也就是需要將資料集放入這棵樹裡面，在此我們也是使用到 fit() 套件，將自變數 X 和應變數 y 放入決策樹模型中。

```
[ ] from sklearn.tree import DecisionTreeRegressor
    regressor = DecisionTreeRegressor(random_state = 0)
    regressor.fit(X, y)

    DecisionTreeRegressor(random_state=0)
```
圖3-4-35

在 DecisionTreeRegression() 套件中所設置的 random_state 是用來設置分枝中的隨機模式參數，莫認為關閉狀態，在高維度的數據集其隨機性會表現得更明顯，而低維度的數據集其隨機性則幾乎不會出現。因此我們

在這邊將 random_state 設置爲 0，這樣一來就不會在每次執行時產生略有不同的決策樹模型。

Step 5

接著，我們就可以來操作訓練好的決策樹模型，在此若我想預測一個工作級別爲 6.5 的員工其相對應的薪資爲多少時，僅需使用到 predict() 套件，即可得到結果 y。

```
[ ] regressor.predict([[6.5]])
    array([150000.])
```

圖 3-4-36

然而在這裡我們發現預測出的結果爲 150,000，若查看原始數據可以發現級別 6.5 的結果將低於這名員工的要求工資，因此若在此堅持我們所設置的研究案例情境的話，可以說這個預測模型實際上是壞的。不過先別急著下定論，因爲正如本小節一開始所說的，決策樹模型並不適合用來分析單個自變數的數據集，它更適合用於多個自變數，即高維度多特徵的數據。而在這裡使用單維度的數據集，也是爲了向各位讀者展示決策樹視覺化結果後的回歸曲線。

Step 6

透過圖 3-4-37 的程式碼，我們將這個決策樹模型所產生的預測判斷結果進行視覺化分析，發現正如上一步驟所說的，一個自變數的數據集所產生的預測效果並不好，因爲我們可以透過繪製出的圖表發現，這筆數據如同階梯式一般，它並非一個「回歸」模型，這也正是爲什麼當我們今天輸入職位級別 6.5 時會出現這個 Level 6 所相對應的工資，因爲在這個模型中它判斷 6~7 的值皆屬於 150,000 的薪資。

不過各位讀者也不需擔心，因爲只要熟悉這個建置決策樹的流程

後，你僅需將這筆資料轉換成高維度的資料集，即可產生不錯的預測結果。

```
[ ]  X_grid = np.arange(min(X), max(X), 0.01)
     X_grid = X_grid.reshape((len(X_grid), 1))
     plt.scatter(X, y, color = 'red')
     plt.plot(X_grid, regressor.predict(X_grid), color = 'blue')
     plt.title('Truth or Bluff (Decision Tree Regression)')
     plt.xlabel('Position level')
     plt.ylabel('Salary')
     plt.show()
```

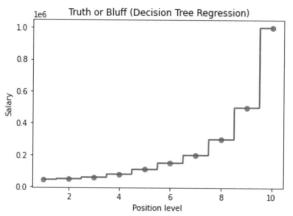

圖 3-4-37

2. 分類決策樹 (Classification Decision Tree)

　　練習完回歸決策樹後，我們要來練習使用分類決策樹分析一個顧客名單。假設情境如下，某冷氣大廠近期推出一個多功能變頻空調，為了讓行銷部門能夠順利地知道日後社群廣告的發放對象為何，公司收集了目前有購買這台多功能變頻空調的消費者資訊，其中我們知道他們的「年紀」、「估計的工資」以及最重要的「是否購買」，而這邊要注意的「Purchased」欄位中的數值為 0 和 1，0 代表沒買、1 代表有買，這邊雖然「Purchased」欄位中的資料為數值，不過屬於類別變數，因此適用於分類決策樹。

Age	EstimatedSalary	Purchased
19	19000	0
35	20000	0
26	43000	0
27	57000	0
19	76000	0
27	58000	0
27	84000	0
32	150000	1

圖 3-4-38

Step 1

新增一個 ipynb 檔案，並將它命名為 decision_tree_classification.ipynb。

Step 2

一樣要先安裝導入資料所需要使用到的套件。

```
[ ]  import numpy as np
     import matplotlib.pyplot as plt
     import pandas as pd
```

圖 3-4-39

Step 3

導入套件後我們要將欲使用的數據匯入程式碼中，因此在這邊要將 Social_Network_Ads.csv 檔案內的數據放入 dataset 變數中。接著，我們將 dataset 裡面 Age 欄位與 EstimatedSalary 欄位的各項數值放入 X 變數；Purchased 欄位的數值放入 y 變數。其程式碼撰寫過程及執行結果應如下圖 3-4-40~3-4-42 所示。

```
[ ] dataset = pd.read_csv('Social_Network_Ads.csv')
    X = dataset.iloc[:, :-1].values
    y = dataset.iloc[:, -1].values
```

圖3-4-40

```
[3] X

    array([[    19,    19000],
           [    35,    20000],
           [    26,    43000],
           [    27,    57000],
           [    19,    76000],
           [    27,    58000],
           [    27,    84000],
           [    32,   150000]
```

圖3-4-41

```
[4] y

array([0, 0, 0, 0, 0, 0, 0, 1, 0, 0, 0, 0, 0, 0, 0, 0, 1, 1, 1, 1, 1, 1,
       1, 1, 1, 1, 1, 1, 0, 0, 0, 1, 0, 0, 0, 0, 0, 0, 0, 0, 0, 0, 0, 0,
       0, 0, 0, 0, 1, 0, 0, 0, 0, 0, 0, 0, 0, 0, 0, 0, 0, 0, 1, 0, 0,
       0, 0, 0, 0, 0, 0, 0, 1, 0, 0, 0, 0, 0, 0, 0, 0, 0, 1, 0, 0,
       0, 0, 0, 0, 0, 0, 0, 1, 0, 0, 0, 0, 1, 0, 0, 0, 0, 0, 0, 0,
       0, 0, 0, 0, 0, 0, 0, 0, 0, 0, 0, 0, 0, 0, 0, 0, 0, 0, 0, 0,
       0, 0, 0, 0, 0, 1, 0, 0, 0, 0, 0, 0, 0, 1, 0, 0, 0, 0, 0, 0,
       0, 0, 0, 0, 1, 0, 0, 0, 0, 0, 0, 1, 0, 0, 0, 0, 0, 0, 0, 0,
       0, 0, 0, 0, 1, 0, 0, 0, 0, 0, 0, 0, 0, 0, 0, 0, 0, 0, 0, 0,
       0, 0, 0, 0, 1, 0, 1, 0, 1, 0, 1, 0, 1, 1, 0, 0, 1, 0, 0, 0, 1,
       0, 1, 1, 1, 0, 0, 1, 1, 0, 1, 1, 0, 1, 1, 0, 1, 0, 0, 0, 1, 1, 0,
       1, 1, 0, 1, 0, 1, 0, 1, 0, 0, 1, 1, 0, 1, 0, 0, 1, 1, 0, 1, 1, 0,
       1, 1, 0, 1, 0, 1, 0, 1, 1, 1, 1, 1, 0, 1, 1, 1, 0, 1, 1, 0, 1,
       0, 1, 0, 1, 1, 1, 1, 0, 0, 0, 1, 1, 0, 1, 1, 1, 1, 0, 0, 0, 1,
       1, 0, 0, 1, 0, 1, 0, 1, 1, 0, 1, 0, 1, 1, 0, 1, 1, 0, 0, 1, 1,
       0, 1, 0, 0, 1, 0, 1, 0, 0, 1, 1, 0, 0, 1, 1, 0, 1, 1, 0, 0, 1, 0,
       1, 0, 1, 1, 1, 0, 1, 0, 1, 1, 1, 0, 1, 1, 1, 1, 0, 1, 1, 1, 0, 1,
       0, 1, 0, 0, 1, 1, 0, 1, 1, 1, 1, 1, 1, 0, 1, 1, 1, 1, 1, 1, 0, 1,
       1, 1, 0, 1])
```

圖3-4-42

Step 4

　　我們為了觀察訓練後的模型其分類效果如何，要在這邊將數據拆分為訓練集和測試集，後續當我們透過訓練集訓練完畢這個模型後，我們就可

以透過測試集來觀察其分類效果。

```
[ ] from sklearn.model_selection import train_test_split
    X_train, X_test, y_train, y_test = train_test_split(X, y, test_size = 0.25, random_state = 0)
```

圖3-4-43

```
[ ] print(X_train)

    [[     44   39000]
     [     32  120000]
     [     38   50000]
     [     32  135000]
     [     52   21000]
     [     53  104000]
```

圖3-4-44

```
[ ] print(y_train)

    [0 1 0 1 1 1 0 0 0 0 0 1 1 1 0 1 0 0 1 0 1 0 1 0 0 1 1 1 1 0 1 0 1 0 0 1
     0 0 1 0 0 0 0 0 1 1 1 1 0 0 0 1 0 1 0 1 0 0 1 0 0 0 1 0 0 0 1 1 0 0 1 0 1
     1 1 0 0 1 1 0 0 1 1 0 0 1 1 0 1 1 1 0 0 0 0 1 0 0 1 1 1 1 1 0 1 1 0
     1 0 0 0 0 0 0 1 1 0 0 1 0 0 1 0 0 0 1 0 1 1 0 1 0 0 0 0 1 0 0 0 1 1 0 0
     0 0 1 0 1 0 0 0 1 0 0 0 0 1 1 1 0 0 0 0 0 1 1 1 1 0 1 0 0 0 0 0 1 0 0
     0 0 0 0 1 1 0 1 0 1 0 0 1 0 0 0 1 0 0 0 0 0 1 0 0 0 0 0 1 0 1 1 0 0 0 0 0
     0 1 1 0 0 0 0 1 0 0 0 0 1 0 1 0 1 0 0 0 1 0 0 0 1 0 1 0 0 0 0 0 1 1 0 0 0
     0 0 1 0 1 1 0 0 0 0 0 1 0 1 0 0 1 0 0 1 0 1 0 1 0 0 0 0 0 0 1 1 1 1 0 0 0 0 1
     0 0 0 0]
```

圖3-4-45

```
[ ] print(X_test)

    [[     30   87000]
     [     38   50000]
     [     35   75000]
     [     30   79000]
     [     35   50000]
     [     27   20000]
     [     31   15000]
```

圖3-4-46

```
[ ] print(y_test)
```

```
[0 0 0 0 0 0 1 0 0 0 0 0 0 0 0 0 0 1 0 0 1 0 1 0 1 0 0 0 0 0 1 1 0 0 0 0
 0 0 1 0 0 0 0 1 0 0 1 0 1 1 0 0 0 1 1 0 0 1 0 0 1 0 1 0 1 0 0 0 0 1 0 0 1
 0 0 0 0 1 1 1 0 0 0 1 1 0 1 1 0 0 1 0 0 0 1 0 1 1 1]
```

📖 3-4-47

Step 5

接著，這個步驟是前幾個章節沒有使用過的，那就是「特徵縮放 (Feature Scaling)」，在這邊簡單描述一下特徵縮放的概念及為什麼要使用到它。

「特徵縮放」顧名思義就是要改變特徵的大小，當我們收集完資料後，每一筆數據都會有同樣的特徵欄位，就如同這筆 Social_Network_Ads.csv 資料，裡面的每一筆都會有「年齡」和「預估工資」等相同的特徵欄位，不過雖然都擁有相同的特徵欄位，但每一個產品的「年齡」及「預估工資」都不盡相同，且分布範圍可能很集中也可能很廣泛，這對機器學習的演算法來說會是一個很大的問題。因此，我們透過「特徵縮放」可以將這筆數據集的這個特徵欄位其每筆數值限縮到同一個範圍內，以便更精確地建置演算法模型。

若回想以前高中數學課所教的「如何將一筆數據的各種特徵限縮在同一個範圍內」，那麼或許你們會想到將數據進行「標準化」，沒錯，標準化正是特徵縮放的其中一種方法，此外還有其他的特徵縮放方法，我將列點在下方。不過由於本書是行銷演算法的入門級別，因此在這邊我們不詳細介紹特徵縮放的種類和方法，只需知道特徵縮放的重要性及運作邏輯是如何。

(1) 標準化 (Standardization Scaling)

(2) 最小最大縮放 (Min-Max Scaling)

(3) 穩健縮放 (Robust Scaling)

(4) 均值正規化 (Mean Normalisation)

　　那麼，到底何時需要進行特徵縮放呢？簡單來說，當一筆數據的兩個特徵有明顯數值上的分布差異時，透過特徵縮放將有效提升模型的精準度。各位不妨回到「單變量線性回歸」的章節看一下當時我們所使用的數據集，若我們當時改成用薪水來預測年資（Salary 欄位的各項數值放入 X 變數；YearsExperience 欄位的各項數值放入 y 變數），並且我們再增加一個特徵來輔助預測年資——員工本身的年紀，變成多變量線性回歸來進行分析，那麼此時 X 就會有兩項特徵：1. 薪水，2. 員工年紀。我們若直接這樣進行多變量線性回歸，那結果肯定會差強人意，因為「薪水」跟「年紀」的範圍分布差異太大了，一個是幾萬幾萬的分布，一個是幾十幾十的分布，在這樣的情況下機器學習的結果肯定會出問題，所以這時就要用到特徵縮放。

　　因此在這個步驟，我們也要為我們的 Social_Network_Ads.csv 數據集進行特徵縮放，所使用的特徵縮放方式是將數據標準化，程式碼如下圖 3-4-48 所示。

```
[ ] from sklearn.preprocessing import StandardScaler
    sc = StandardScaler()
    X_train = sc.fit_transform(X_train)
    X_test = sc.transform(X_test)
```

圖 3-4-48

　　而特徵縮放後的 X_train、X_test 示意圖如下圖 3-4-49、3-4-50。

```
[ ] print(X_train)

    [[ 0.58164944 -0.88670699]
     [-0.60673761  1.46173768]
     [-0.01254409 -0.5677824 ]
     [-0.60673761  1.89663484]
     [ 1.37390747 -1.40858358]
     [ 1.47293972  0.99784738]
```

圖 3-4-49

```
[ ]  print(X_test)

     [[-0.80480212   0.50496393]
      [-0.01254409  -0.5677824 ]
      [-0.30964085   0.1570462 ]
      [-0.80480212   0.27301877]
      [-0.30964085  -0.5677824 ]
      [-1.10189888  -1.43757673]
      [-0.70576986  -1.58254245]]
```

🔳3-4-50

Step 6

接下來我們就如同建立回歸決策樹一樣，透過 sklearn 套件直接建立一個分類決策樹模型，也就是先建立一棵樹。

現在這邊所建立的這棵樹本身是無任何意義的，因此我們也需賦予它一個意義，也就是需要將資料集放入這棵樹裡面，在這邊我們也是使用到 fit() 套件，將自變數 X 和應變數 y 放入決策樹模型中。

```
[ ]  from sklearn.tree import DecisionTreeClassifier
     classifier = DecisionTreeClassifier(criterion = 'entropy', random_state = 0)
     classifier.fit(X_train, y_train)

     DecisionTreeClassifier(ccp_alpha=0.0, class_weight=None, criterion='entropy',
                            max_depth=None, max_features=None, max_leaf_nodes=None,
                            min_impurity_decrease=0.0, min_impurity_split=None,
                            min_samples_leaf=1, min_samples_split=2,
                            min_weight_fraction_leaf=0.0, presort='deprecated',
                            random_state=0, splitter='best')
```

🔳3-4-51

Step 7

到這邊我們其實也建立完這棵分類決策樹了，接著我們可以來預測看看新的數值。在此我給的資料為一名「年紀 24 歲、估計工資 63,000 元」的潛在消費者，而很明顯地，預測模型告訴我們這個人不會購買，因為其顯示出的數值為 0。

```
[8] print(classifier.predict(sc.transform([[24,63000]])))

    [0]
```
圖 3-4-52

Step 8

當然，我們也可以用測試集來檢測這個模型。

```
[ ] y_pred = classifier.predict(X_test)
    print(np.concatenate((y_pred.reshape(len(y_pred),1), y_test.reshape(len(y_test),1)),1))
    [0 0]
    [0 0]
    [1 1]
    [0 0]
    [0 0]
    [0 0]
    [0 0]
    [0 0]
    [1 0]
```
圖 3-4-53

在視覺化之前，我們可以使用線性代數所學到的混淆矩陣來驗證這個分類模型的分數及其分類數量，透過下方程式碼，我們得到這個模型的預測分數高達 91%，是一個蠻不錯的預測分數，且藉由混淆矩陣的計算我們可以知道這次的分類被分成兩組，接著就可以進到最後一個步驟——視覺化。

```
[10] from sklearn.metrics import confusion_matrix, accuracy_score
     cm = confusion_matrix(y_test, y_pred)
     print(accuracy_score(y_test, y_pred))
     print(cm)

     0.91
     [[62  6]
      [ 3 29]]
```
圖 3-4-54

Step 9

在這邊我們來分別視覺化我們的訓練集和測試集，我們先來看程式碼。

```python
from matplotlib.colors import ListedColormap
X_set, y_set = sc.inverse_transform(X_train), y_train
X1, X2 = np.meshgrid(np.arange(start = X_set[:, 0].min() - 10, stop = X_set[:, 0].max() + 10, step = 0.25),
                     np.arange(start = X_set[:, 1].min() - 1000, stop = X_set[:, 1].max() + 1000, step = 0.25))
plt.contourf(X1, X2, classifier.predict(sc.transform(np.array([X1.ravel(), X2.ravel()]).T)).reshape(X1.shape),
             alpha = 0.75, cmap = ListedColormap(('red', 'green')))
plt.xlim(X1.min(), X1.max())
plt.ylim(X2.min(), X2.max())
for i, j in enumerate(np.unique(y_set)):
    plt.scatter(X_set[y_set == j, 0], X_set[y_set == j, 1], c = ListedColormap(('red', 'green'))(i), label = j)
plt.title('Decision Tree Classification (Training set)')
plt.xlabel('Age')
plt.ylabel('Estimated Salary')
plt.legend()
plt.show()
```

圖 3-4-55

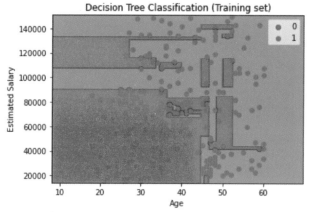

圖 3-4-56

```python
from matplotlib.colors import ListedColormap
X_set, y_set = sc.inverse_transform(X_test), y_test
X1, X2 = np.meshgrid(np.arange(start = X_set[:, 0].min() - 10, stop = X_set[:, 0].max() + 10, step = 0.25),
                     np.arange(start = X_set[:, 1].min() - 1000, stop = X_set[:, 1].max() + 1000, step = 0.25))
plt.contourf(X1, X2, classifier.predict(sc.transform(np.array([X1.ravel(), X2.ravel()]).T)).reshape(X1.shape),
             alpha = 0.75, cmap = ListedColormap(('red', 'green')))
plt.xlim(X1.min(), X1.max())
plt.ylim(X2.min(), X2.max())
for i, j in enumerate(np.unique(y_set)):
    plt.scatter(X_set[y_set == j, 0], X_set[y_set == j, 1], c = ListedColormap(('red', 'green'))(i), label = j)
plt.title('Decision Tree Classification (Test set)')
plt.xlabel('Age')
plt.ylabel('Estimated Salary')
plt.legend()
plt.show()
```

圖 3-4-57

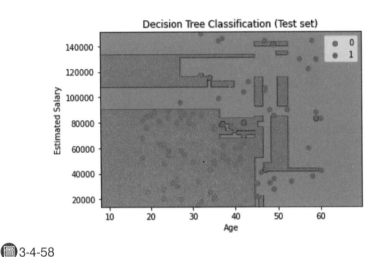

（圖）3-4-58

在這邊或許會覺得，怎麼跟之前的視覺化圖表長得不太一樣呢？沒錯，不過這也正是為什麼這個模型的預測分數很高，它並不是一邊綠色、一邊紅色的呈現，而是在紅色區塊中穿插一些綠色區塊、在綠色區塊中穿插一些紅色區塊，因此它捕捉到了很多細微的點，所以模型分數非常高。而為什麼會呈現這樣的分裂狀態呢？因為這次我們所操作的是「分類」決策樹，所以會有分裂的狀況產生。

上方看似複雜的程式碼，是為了將我們所製作出的矩陣「視覺化」，當然座標矩陣的視覺化有很多種應用，不過我們在這邊就使用網格圖即可。而因為我們這邊是粗淺地教學視覺化部分，因此就不去探究每一行程式碼參數的意義，日後若要使用其他數據來進行分類決策樹的分析時，我們套上這個視覺化過程的程式碼即可。

五、非監督式 MarTech 演算法

理解了三大監督式機器學習演算法後，想必各位讀者都蠻熟悉機器學習這檔事了，那麼接下來我們就來介紹三大非監督式機器學習演算法吧。

　　非監督式機器學習與監督式機器學習最大的差異在於有沒有爲數據貼上標籤，在介紹監督式機器學習的一開始以及各個監督式機器學習的例子中，我們其實都有爲數據貼上標籤，也就是所謂相對應的答案。正因如此，在上一部分我們在學習決策樹時，由於有賦予每個職位等級相對應的薪水値（貼上標籤），所以當輸入平均數範圍內的數值時會自動歸類爲特定薪水値（答案），因此若要增加該棵樹的準確度，唯有增加數據量抑或增加數據的特徵量，進而提高該模型的準確度。

　　然而監督式機器學習爲了要進行資料的標記，必須要耗費相當的人力及時間成本進行標記資料的處理。因此相對應的，非監督式機器學習並不需要進行資料的標記與處理，其可應用的領域也與監督式機器學習稍加不同，我們將非監督式機器學習應用在常見領域如下：

・金融業

・行銷分析

・服務業

　　當然，非監督式演算法並非只應用在這三大類別，只不過這三大類別及一些商業問題最常使用到監督式演算法而已，因此你也有很大的機會在其他產業看到非監督式演算法的應用。那麼我們現在就來看看，市面上有哪些應用非監督式機器學習爲自家產品產生更大價值的實際案例吧！

・ 金融業反詐欺系統

　　在本書的第一章節有提到，隨著網路的蓬勃發展，產生越來越多線上行爲，「線上交易」也不例外，例如近幾年盛行的眾多虛擬支付：Apple Pay、Samsung Pay、支付寶等等。然而，這麼多的線上交易活動也引來了新型態的詐騙手法，根據統計，中國一年因爲網路犯罪導致的損失 GDP 高達 0.63%，約 4,000 多億人民幣。因此如何降低金融業的詐欺行爲，顯然成爲一件當務之急的事。而近年來興起一個反詐欺的系統即是透過「非監督式演算法」開發而成的，透過在一開始沒有給定特定標籤並直接分析各筆數據，系統可以快速地檢測「誰」的交易有異常；透過我們上一部分

對非監督式演算法的了解，雖然沒有辦法斷定某人就是在犯罪（因爲我們沒有給犯罪的數據貼上標籤），但是可以很明顯地發現這個人的交易狀況與一般人不同，進而去追究這筆異常資料。

• **瑕疵樣本挑選系統**

台灣知名代工企業——鴻海，在 2021 年推出一個由非監督式學習演算法所開發而成的瑕疵樣本挑選系統——FOXCONN NxVAE。這個系統解決鴻海在產線瑕疵樣本取得的問題，在以前我們都需要聘請大量勞工盯著產線看，撥一撥生產出的組件看看有沒有瑕疵品，這樣的做法費時費力也大量增加公司的人事成本，現在藉由這個非監督式學習演算法，鴻海透過使用正常的產品（數據）去訓練演算法模型，讓演算法在觀察到產品出現與訓練的數據不同的特徵時發出警告，這樣的做法大大降低鴻海在產線瑕疵樣本取得的問題，使得鴻海出貨產品的良率提升至 99%。

透過簡單的例子介紹非監督式演算法的應用後，我們就先從最簡單的非監督式演算法來實作練習吧！

(一)隨機森林 (Random Forest)

首先要介紹的第一個非監督式機器學習演算法即是鼎鼎大名的隨機森林，隨機森林也跟決策樹一樣有回歸的、有分類的，而它們的運算邏輯也是一樣極其相同，因此我們把隨機森林深奧的運算理論放在一邊，先用一個簡單的觀念及例子來表示。當今天我們看到一棵樹時，只會認爲它是一棵樹，但若我們看到眾多的樹集中在一塊時，我們就會認定這是一片森林；在機器學習演算法裡面也一樣，這些樹都是上一章節所提及到的決策樹，眾多的決策樹集中在一起則是一片森林。

這樣爲什麼我們稱它爲「隨機」森林呢？經過上一章節我們可以理解，一棵樹可以處理一筆數據許多的特徵，然而這樣的一棵樹雖然可以自行生長許多的葉子，也就是自行製造許多分枝，不過在我們無適度地去修剪這些分枝及葉子時，這棵樹所產生的葉子，也就是最終結果，雖然可能

可以完美地匹配這筆訓練數據，但若我們賦予它一個值，要它給我們一個答案時，它得出的結果可能就是一塌糊塗了。簡單的例子也可以反映於我們在「決策樹」那個章節進行模型訓練時產出的結果，我們透過肉眼即可知道它並非一個良好及正確的結果，而這也是所謂的數據「過擬合」現象。

不過我們也不可能一個一個去修剪一棵樹的分枝及最終的葉子，期望這棵樹可以完美地預測所有我們輸入進去的值，因此進而發展出了「隨機森林」這個概念，透過由一大堆決策樹所集結而成的一片森林，我們可以進一步地最佳化這個模型。隨機森林的「隨機」，在於它的每一棵樹並非把該筆數據的單一特徵抓出來做一棵樹，而是每一棵樹會隨機抓取數據樣本以及數據特徵來進行模型的訓練，而這些數據都是可以被重複抓取的。舉例來說，假設有一萬筆資料我們要進行隨機森林模型的訓練，而其中的每一棵樹要抽取一千筆資料出來進行運算，再從抽取出的這一千筆資料挑選 X 個特徵進行運算，重複這樣的做法 Y 次，我們會產出 Y 棵樹，而每一棵樹裡面的一千筆資料有可能會有被重複抽取的狀況發生，而其特徵也有可能被重複篩選，透過上述的步驟，最終我們得到了 Y 組訓練資料，最後再由這幾棵樹決定最終的預測類別。也就是說我們在進行隨機森林建模時會產生出眾多的決策樹，而這每一棵決策樹都不是絕對，因為每一棵樹所訓練的資料及篩選的特徵都不盡相同，其產出的答案也不一定會一致，所以最終需要由這幾棵樹進行多數決，決定最終的答案路徑，因此當今天我們輸入一個值進去時，隨機森林模型就不會像單一決策樹模型一樣直直地向下產出結果答案，而是會不斷地經過眾多決策樹去判斷最終答案。

也就是說若今天我們輸入一個值為 30 的資料進入隨機森林模型，假設模型內有三棵決策樹，這個數據 30 經過第一棵決策樹時產出的結果被歸為組別 1，經過第二棵決策樹時產出的結果被歸為組別 2，經過第三棵決策樹時產出的結果被歸為組別 2，這時隨機森林就會將這些樹的結果進行多數決，並產出最終答案為組別 2。

　　隨機森林與決策樹一樣，它們都可以執行「回歸」及「分類」的數據。差別僅在於最後進行多棵樹的答案統整時，分類隨機森林是進行上述例子的多數決投票預測，回歸隨機森林則是採用平均機制進行預測。

　　以下幫各位讀者歸納隨機森林的優點：

- 每一棵樹都是相互獨立的
- 僅有在最終結果產出時不同的樹才會有關聯
- 每一棵樹內所拿來訓練的數據都是經過隨機抽樣的，且是會重複抽樣的
- 與決策樹相比，較不會產生過擬合現象
- 每一棵樹進行運算時是可以同時進行的

　　然而隨機森林看似是一個非常理想的演算法模型，不過也存在著一些缺點，舉例來說，由於它是一片森林，因此我們更無法掌控這片森林內每一棵樹的生長狀態，我們無從得知每一棵樹抽取出了什麼樣的數據、篩選了什麼樣的特徵，我們唯有經過不斷嘗試程式碼的參數來進行不同結果的修正。另外，因為我們看不到裡面每一棵樹的真實樣貌，所以無從得知裡面的樹是否有幾棵是過度相似的，上面有提到，隨機森林的最終結果是經由平均數或是多數決來決定而成的，因此若今天發生裡面的樹有相似的情形時，很有可能會使預測結果失真。另外，雖然隨機森林的每一棵樹都是可以並行生成的，但其運算速度還是比製作單棵決策樹的速度慢許多；且隨機森林演算法與決策樹演算法一樣，若分析的數據集維度過低，便有可能無法產出一個好的預測答案（但隨機森林的結果還是優於決策樹）。

　　以下幫各位讀者歸納隨機森林的缺點：

- 無法得知隨機森林內每一棵樹的樣貌
- 樹與樹之間可能發生過度相似的狀態，進而影響預測結果
- 運算速度不快
- 不適合處理低維度的數據集

　　理解了隨機森林的運算邏輯及其優缺點後，那麼隨機森林演算法究竟會應用在什麼地方呢？其實使用到隨機森林演算法的行業不勝枚舉，舉凡

銀行業、醫療產業、行銷產業都經常使用隨機森林演算法。

　　以銀行業者來說，其最大的獲利方式便是利用存款與放款中間的利差來賺取利息收入，因此如何尋找出忠誠的客戶及信用不良的客戶，對銀行業者來說則是至關重要，透過隨機森林演算法，銀行業者可以將客戶資料導入演算法中，讓隨機森林藉由觀察每筆數據特徵等步驟對客戶進行篩選與分類，進而能幫助銀行業者省下大把時間來一個一個核對每一位客戶的狀況。

　　以醫療產業舉例，隨機森林可以幫助醫療單位對病人、藥物組合進行分類，協助醫療產業面對臨床病患時能有更即時且更準確的治療方式。

　　而以行銷業者舉例，行銷人員可以透過本書前半部分所提供的方式將 Google Analytics 數據抓取回來，進行進一步的分析，例如可以透過目標客群在網站上的購物足跡或購物記錄來作為訓練隨機森林的數據集，並預測目標客群可能喜歡的產品並加以推薦給對方。也可以將光顧過網站的瀏覽者數據，例如轉換率、跳出率等數據，作為訓練隨機森林的數據集，並進一步建立一個銷售預測模型。

　　透過種種例子，讓我們可以知道隨機森林的應用領域從衛生醫療至商業策略等等都有密切的關聯，那麼我們就開始來撰寫隨機森林的演算法吧！

1. 回歸隨機森林

　　在這一部分的實作練習，我們使用的數據集依然是練習回歸決策樹時的數據集，目的在於透過回歸決策樹的進化版──回歸隨機森林，來看看隨機森林的預測結果能否比回歸決策樹所產出的預測值更精準呢？

	Position	Level	Salary
1			
2	Business Analyst	1	45000
3	Junior Consultant	2	50000
4	Senior Consultant	3	60000
5	Manager	4	80000
6	Country Manager	5	110000
7	Region Manager	6	150000
8	Partner	7	200000
9	Senior Partner	8	300000
10	C-level	9	500000
11	CEO	10	1000000

圖 3-5-1

 Step 1

新增一個 ipynb 檔案，並將它命名為 random_forest_regression.ipynb。

Step 2

一樣要先安裝導入資料所需要使用到的套件。

```
[ ] import numpy as np
    import matplotlib.pyplot as plt
    import pandas as pd
```

圖 3-5-2

 Step 3

導入套件後我們要將欲使用的數據匯入程式碼中，因此在這邊要將 Position_Salaries.csv 檔案內的數據放入 dataset 變數中。接著，原訂應該要將「職位別」作為自變數，然而因為職位別是屬於類別型態的資料，因此在這邊剛好右邊欄位的「Level」欄位正是「職位別」量化過後的結果，

所以我們將 dataset 裡面 Level 欄位的各項數值放入 X 變數，Salary 欄位的各項數值放入 y 變數。在這裡各位讀者可能覺得似曾相識，沒錯，撰寫隨機森林演算法的預備動作都與撰寫決策樹演算法一樣，我們必須將數據先分別導入至 X 和 y 變數中，方可進行後續的作業。其程式碼撰寫過程及執行結果如下圖 3-5-3~3-5-5 所示。

```
[ ] dataset = pd.read_csv('Position_Salaries.csv')
    X = dataset.iloc[:, 1:-1].values
    y = dataset.iloc[:, -1].values
```

圖 3-5-3

```
[3] X

    array([[ 1],
           [ 2],
           [ 3],
           [ 4],
           [ 5],
           [ 6],
           [ 7],
           [ 8],
           [ 9],
           [10]])
```

圖 3-5-4

```
[ ] y

    array([  45000,   50000,   60000,   80000,  110000,  150000,  200000,
            300000,  500000, 1000000])
```

圖 3-5-5

Step 4

接著就是要建構出一片森林，與建構決策樹邏輯相同，首先透過 sklearn.ensemble 套件的 RandomForestRegressor 建立出一個沒有意義的森林，接著再將 X 和 y 變數導入至森林裡頭，此步驟便是賦予隨機森林意義。而在這邊值得注意的是，在 RandomForestRegressor() 內有一個新的參數叫做 n_estimators。n_estimators 在這邊的意義可以把它想像成是這片森林該有的樹木數量，透過一開始所講解的，每一棵樹都會抽取總樣本數的其中幾筆來進行預測，最後再以多數決方式或平均數方式來決定最終答案，想當然耳，當一片森林的樹木數量越多時，最終預測結果的精準度就越高。不過要特別注意的是過多的樹木數量會大幅增加演算法的運算效能，因此也不宜將 n_estimators 設太大，所以在這邊因為樣本數小、特徵相對少的情形下，我們將 n_estimators 設為 10 即可，若沒特別加入 n_estimators 等於多少時，其預設值為 100。圖 3-5-7 中所表示的是我們使用到的參數，當然，在 RandomForestRegressor() 中也可存放其他的變數，例如亂度的評估標準 (criterion)、樹的最大深度 (max_depth) 等等，不過這些參數的難度較深，身為初學者的我們一開始無須理會，只需理解最重要的參數 n_estimators，以及決策樹部分有提及的 random_state。

```
[ ]  from sklearn.ensemble import RandomForestRegressor
     regressor = RandomForestRegressor(n_estimators = 10, random_state = 0)
     regressor.fit(X, y)
```

圖 3-5-6

```
RandomForestRegressor(n_estimators=10, random_state=0)
```

圖 3-5-7

Step 5

接著，我們就可以來操作訓練好的決策樹模型，在此若我一樣想預測一個工作級別為 6.5 的員工其相對應的薪資為多少時，我們將數值 6.5 放入 predict() 套件，即可得到結果 y。

在這邊我們除了想得到結果之外，也想得到若以同一筆數據，一個是利用隨機森林、一個是利用決策樹，究竟是誰的準確度較高。

```
[ ]  regressor.predict([[6.5]])

     array([167000.])
```

圖 3-5-8

透過圖 3-5-8 可以發現預測出的結果為 167,000，若查看原始數據可以發現級別 6.5 的員工所要求的工資確實高於級別 6 的員工。因此在這次的情境中，預測同一筆數據的情況下，使用隨機森林進行預測的結果會比使用決策樹的結果相對精準。不過各位讀者要記得兩件事，第一，並非所有數據集皆是使用隨機森林的預測結果會優於使用決策樹的預測結果；第二，雖然在這次的預測中使用隨機森林確實看似比使用決策樹還要精準許多，但這筆數據仍然是屬於一個低維度、少特徵的數據集，因此也並非屬於一個適合用來分析的數據資料集。

Step 6

最後我們當然也透過圖 3-5-9 的程式碼，將這個隨機森林模型所產生的預測判斷結果進行視覺化分析，並進一步觀察使用回歸隨機森林預測的結果與使用回歸決策樹預測的結果差異在哪裡。

這次的預測結果因為數據量少、特徵少的關係，因此還是呈現一個明顯的階梯式狀態，不過當我們把決策樹的預測結果視覺化圖拿出來做比對時，可以發現隨機森林的預測結果，其「階梯數」比決策樹預測結果還來得多；且相較於決策樹預測結果可以發現隨機森林的預測結果，其職位等

級跟職位等級之間的階梯數變多了，這正是因爲隨機森林透過隨機且反覆地進行資料抽樣，並不斷預測，所以可以訓練出比決策樹更加精準的預測模型。也正因如此，當我們輸入職位等級 6.5 時會出現與決策樹不同的預測結果。

```
[ ] X_grid = np.arange(min(X), max(X), 0.01)
    X_grid = X_grid.reshape((len(X_grid), 1))
    plt.scatter(X, y, color = 'red')
    plt.plot(X_grid, regressor.predict(X_grid), color = 'blue')
    plt.title('Truth or Bluff (Random Forest Regression)')
    plt.xlabel('Position level')
    plt.ylabel('Salary')
    plt.show()
```

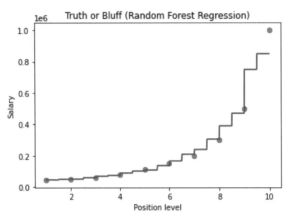

圖 3-5-9

```
[ ] X_grid = np.arange(min(X), max(X), 0.01)
    X_grid = X_grid.reshape((len(X_grid), 1))
    plt.scatter(X, y, color = 'red')
    plt.plot(X_grid, regressor.predict(X_grid), color = 'blue')
    plt.title('Truth or Bluff (Decision Tree Regression)')
    plt.xlabel('Position level')
    plt.ylabel('Salary')
    plt.show()
```

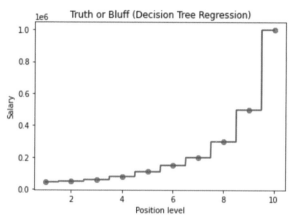

圖 3-5-10

2. 分類隨機森林

　　練習完回歸隨機森林後，我們要來練習使用分類隨機森林以進化我們在分類決策樹的分析內容，因此我們在這邊所使用的數據集也跟分類決策樹一樣。來看看使用分類隨機森林是否會比分類決策樹還要更精準呢？

Age	EstimatedSalary	Purchased
19	19000	0
35	20000	0
26	43000	0
27	57000	0
19	76000	0
27	58000	0
27	84000	0
32	150000	1

 3-5-11

Step 1

新增一個 ipynb 檔案，並將它命名為 random_forest_classification.ipynb。

Step 2

一樣要先安裝導入資料所需要使用到的套件。

```
[ ] import numpy as np
    import matplotlib.pyplot as plt
    import pandas as pd
```

 3-5-12

Step 3

導入套件後我們要將欲使用的數據匯入程式碼中，這邊各位應該相當熟悉了，就如同分類決策樹一樣，我們要將 dataset 裡面的 Age 欄位與 EstimatedSalary 欄位的各項數值放入 X 變數；Purchased 欄位的數值放入 y 變數。其程式碼撰寫過程及執行結果如下圖 3-5-13~3-5-15 所示。

```
[ ] dataset = pd.read_csv('Social_Network_Ads.csv')
    X = dataset.iloc[:, :-1].values
    y = dataset.iloc[:, -1].values
```

圖 3-5-13

```
[3] X

    array([[     19,    19000],
           [     35,    20000],
           [     26,    43000],
           [     27,    57000],
           [     19,    76000],
           [     27,    58000],
           [     27,    84000],
           [     32,   150000]
```

圖 3-5-14

```
[4] y

    array([0, 0, 0, 0, 0, 0, 0, 1, 0, 0, 0, 0, 0, 0, 0, 0, 1, 1, 1, 1, 1, 1,
           1, 1, 1, 1, 1, 1, 0, 0, 0, 1, 0, 0, 0, 0, 0, 0, 0, 0, 0, 0, 0, 0,
           0, 0, 0, 0, 1, 0, 0, 0, 0, 0, 0, 0, 0, 0, 0, 0, 0, 0, 1, 0, 0,
           0, 0, 0, 0, 0, 0, 0, 0, 0, 1, 0, 0, 0, 0, 0, 0, 0, 0, 1, 0, 0,
           0, 0, 0, 0, 0, 0, 0, 0, 1, 0, 0, 0, 0, 0, 1, 0, 0, 0, 0, 0, 0,
           0, 0, 0, 0, 0, 0, 0, 0, 0, 0, 0, 0, 0, 0, 0, 0, 0, 0, 0, 0, 0,
           0, 0, 0, 0, 0, 1, 0, 0, 0, 0, 0, 0, 0, 0, 1, 0, 0, 0, 0, 0, 0,
           0, 0, 0, 0, 0, 1, 1, 0, 0, 0, 0, 0, 0, 0, 1, 0, 0, 0, 0, 0, 0,
           0, 0, 0, 0, 0, 1, 0, 0, 0, 0, 0, 0, 0, 0, 0, 0, 0, 0, 0, 0, 0,
           0, 0, 0, 0, 1, 0, 1, 0, 1, 0, 1, 0, 1, 1, 0, 0, 0, 1, 0, 0, 0, 1,
           0, 1, 1, 1, 0, 0, 1, 1, 0, 1, 1, 0, 1, 1, 0, 1, 0, 0, 0, 1, 1, 0,
           1, 1, 0, 1, 0, 1, 0, 1, 0, 0, 1, 1, 0, 1, 0, 0, 1, 1, 0, 1, 1, 0,
           1, 1, 0, 0, 1, 0, 0, 1, 1, 1, 1, 1, 0, 1, 1, 1, 1, 0, 1, 0, 1,
           0, 1, 0, 1, 1, 1, 1, 0, 0, 0, 1, 1, 0, 1, 1, 1, 1, 1, 0, 0, 1,
           1, 0, 1, 0, 1, 0, 1, 1, 0, 1, 0, 1, 0, 1, 1, 1, 0, 0, 0, 1,
           0, 1, 0, 0, 1, 0, 1, 0, 0, 1, 1, 0, 0, 1, 1, 0, 1, 0, 0, 1, 0,
           1, 0, 1, 1, 1, 0, 1, 0, 1, 1, 1, 0, 1, 1, 1, 1, 0, 1, 1, 1, 0, 1,
           0, 1, 0, 0, 1, 1, 0, 1, 1, 1, 1, 1, 1, 0, 1, 1, 1, 1, 1, 1, 0, 1,
           1, 1, 0, 1])
```

圖 3-5-15

Step 4

接著就要來將數據拆分成訓練集和測試集。

```
[ ] from sklearn.model_selection import train_test_split
    X_train, X_test, y_train, y_test = train_test_split(X, y, test_size = 0.25, random_state = 0)
```

圖 3-5-16

```
[ ] print(X_train)

    [[    44   39000]
     [    32  120000]
     [    38   50000]
     [    32  135000]
     [    52   21000]
     [    53  104000]
```

圖 3-5-17

```
[ ] print(y_train)

    [0 1 0 1 1 1 0 0 0 0 0 1 1 1 0 1 0 0 1 0 1 0 1 0 0 1 1 1 0 1 0 1 0 0 1
     0 0 1 0 0 0 0 0 1 1 1 1 0 0 0 1 0 1 0 1 0 0 1 0 0 0 1 0 0 0 1 1 0 0 1 0 1
     1 1 0 0 1 1 0 0 1 1 0 1 0 0 1 1 0 1 1 1 0 0 0 0 1 0 0 1 1 1 1 1 0 1 1 0
     1 0 0 0 0 0 0 1 1 0 0 0 1 0 1 1 0 1 0 0 0 0 1 0 0 0 0 1 0 0 0 1 1 0 0
     0 0 1 0 1 0 0 0 1 0 0 0 0 1 1 1 1 0 1 0 0 0 0 0 1 0 0
     0 0 0 0 1 1 0 1 0 1 0 0 1 0 0 0 1 0 0 0 0 0 1 0 0 0 0 0 1 0 1 1 0 0 0 0 0
     0 1 1 0 0 0 0 1 0 0 0 0 1 0 1 0 1 0 0 0 1 0 0 0 1 0 1 0 0 0 0 0 1 1 0 0 0
     0 0 1 0 1 1 0 0 0 0 0 1 0 1 0 0 1 0 0 1 0 1 0 0 0 0 0 0 1 1 1 1 0 0 0 0 1
     0 0 0 0]
```

圖 3-5-18

```
[ ] print(X_test)

    [[    30  87000]
     [    38  50000]
     [    35  75000]
     [    30  79000]
     [    35  50000]
     [    27  20000]
     [    31  15000]
```

圖 3-5-19

```
[ ] print(y_test)

    [0 0 0 0 0 0 0 1 0 0 0 0 0 0 0 0 0 1 0 0 1 0 1 0 1 0 0 0 0 0 1 1 0 0 0 0
     0 0 1 0 0 0 0 1 0 0 1 0 1 1 0 0 0 1 1 0 0 1 0 0 1 0 1 0 1 0 0 0 0 1 0 0 1
     0 0 0 0 1 1 1 0 0 0 1 1 0 1 1 0 0 1 0 0 0 1 0 1 1 1]
```

圖 3-5-20

Step 1

　　將數據拆分為訓練集和測試集後，我們一樣要針對這筆數據的 X_train 和 X_test 進行特徵縮放的處理。

```
[ ] from sklearn.preprocessing import StandardScaler
    sc = StandardScaler()
    X_train = sc.fit_transform(X_train)
    X_test = sc.transform(X_test)
```

圖 3-5-21

　　而特徵縮放後的 X_train、X_test 示意圖如下圖 3-5-22、3-5-23。

```
[ ]  print(X_train)

     [[ 0.58164944 -0.88670699]
      [-0.60673761  1.46173768]
      [-0.01254409 -0.5677824 ]
      [-0.60673761  1.89663484]
      [ 1.37390747 -1.40858358]
      [ 1.47293972  0.99784738]]
```

圖 3-5-22

```
[ ]  print(X_test)

     [[-0.80480212  0.50496393]
      [-0.01254409 -0.5677824 ]
      [-0.30964085  0.1570462 ]
      [-0.80480212  0.27301877]
      [-0.30964085 -0.5677824 ]
      [-1.10189888 -1.43757673]
      [-0.70576986 -1.58254245]]
```

圖 3-5-23

Step 2

接著我們就如同建立分類決策樹一樣，透過 sklearn 套件直接建立一個分類模型，不過在這邊我們要建立的是一片分類森林。

空的森林建置出來後，我們也需賦予這片森林一個意義，也就是需要將資料集放入這片森林裡面，在這邊我們也是使用到 fit() 套件，將自變數 X 和應變數 y 放入隨機森林模型中。

```
[ ]  from sklearn.ensemble import RandomForestClassifier
     classifier = RandomForestClassifier(n_estimators = 10, criterion = 'entropy', random_state = 0)
     classifier.fit(X_train, y_train)
```

```
RandomForestClassifier(bootstrap=True, ccp_alpha=0.0, class_weight=None,
                       criterion='entropy', max_depth=None, max_features='auto',
                       max_leaf_nodes=None, max_samples=None,
                       min_impurity_decrease=0.0, min_impurity_split=None,
                       min_samples_leaf=1, min_samples_split=2,
                       min_weight_fraction_leaf=0.0, n_estimators=10,
                       n_jobs=None, oob_score=False, random_state=0, verbose=0,
                       warm_start=False)
```

圖3-5-24

Step 3

　　到這邊我們的分類隨機森林就算建置完成了，不過我們輸入與當時分類決策樹所輸入同樣的新資料「年紀 24 歲、估計工資 63,000 元」時，會發現它的結果是一樣的，那這樣我們該如何知道分類隨機森林對於分類決策樹有更高的預測精準度呢？別擔心，我們將預測模型結果視覺化出來就知道了。

```
[6]  print(classifier.predict(sc.transform([[24,63000]])))

     [0]
```

圖3-5-25

Step 4

　　我們一樣先用測試集的 X_test 預測一個新的 y，我們稱它為 y_pred。

```
[7]  y_pred = classifier.predict(X_test)
     print(np.concatenate((y_pred.reshape(len(y_pred),1), y_test.reshape(len(y_test),1)),1))

     [0 0]
     [1 0]
     [1 0]
     [0 0]
     [1 1]
     [0 0]
     [0 0]
     [1 1]
     [0 0]
     [1 1]
```

圖3-5-26

Step 5

在繪製視覺化圖表之前，我們一樣可以先透過混淆矩陣查看 y_pred 之於這個預測模型的精準度。雖然這邊的精準度仍與分類決策樹的預測精準度相同，不過我們透過混淆矩陣的觀察可以發現裡面的分類好像有些許不同了。

```
[8] from sklearn.metrics import confusion_matrix, accuracy_score
    cm = confusion_matrix(y_test, y_pred)
    print(accuracy_score(y_test, y_pred))
    print(cm)

    0.91
    [[63  5]
     [ 4 28]]
```

圖 3-5-27

Step 6

最後我們就可以來進行預測模型結果的視覺化，並進一步觀察使用分類隨機森林預測的結果與使用分類決策樹預測的結果差異在哪裡。

```
[ ] from matplotlib.colors import ListedColormap
    X_set, y_set = sc.inverse_transform(X_train), y_train
    X1, X2 = np.meshgrid(np.arange(start = X_set[:, 0].min() - 10, stop = X_set[:, 0].max() + 10, step = 0.25),
                         np.arange(start = X_set[:, 1].min() - 1000, stop = X_set[:, 1].max() + 1000, step = 0.25))
    plt.contourf(X1, X2, classifier.predict(sc.transform(np.array([X1.ravel(), X2.ravel()]).T)).reshape(X1.shape),
                 alpha = 0.75, cmap = ListedColormap(('red', 'green')))
    plt.xlim(X1.min(), X1.max())
    plt.ylim(X2.min(), X2.max())
    for i, j in enumerate(np.unique(y_set)):
        plt.scatter(X_set[y_set == j, 0], X_set[y_set == j, 1], c = ListedColormap(('red', 'green'))(i), label = j)
    plt.title('Random Forest Classification (Training set)')
    plt.xlabel('Age')
    plt.ylabel('Estimated Salary')
    plt.legend()
    plt.show()
```

圖 3-5-28

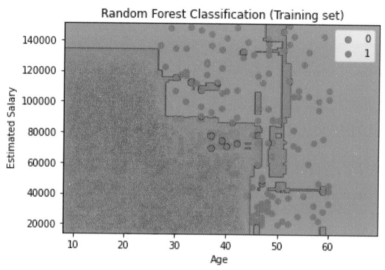

圖 3-5-29

```
[ ]  from matplotlib.colors import ListedColormap
     X_set, y_set = sc.inverse_transform(X_test), y_test
     X1, X2 = np.meshgrid(np.arange(start = X_set[:, 0].min() - 10, stop = X_set[:, 0].max() + 10, step = 0.25),
                          np.arange(start = X_set[:, 1].min() - 1000, stop = X_set[:, 1].max() + 1000, step = 0.25))
     plt.contourf(X1, X2, classifier.predict(sc.transform(np.array([X1.ravel(), X2.ravel()]).T)).reshape(X1.shape),
                  alpha = 0.75, cmap = ListedColormap(('red', 'green')))
     plt.xlim(X1.min(), X1.max())
     plt.ylim(X2.min(), X2.max())
     for i, j in enumerate(np.unique(y_set)):
         plt.scatter(X_set[y_set == j, 0], X_set[y_set == j, 1], c = ListedColormap(('red', 'green'))(i), label = j)
     plt.title('Random Forest Classification (Test set)')
     plt.xlabel('Age')
     plt.ylabel('Estimated Salary')
     plt.legend()
     plt.show()
```

圖 3-5-30

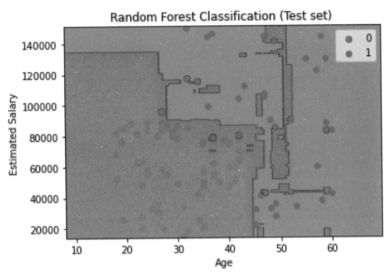

圖 3-5-31

圖 3-5-29 及圖 3-5-31 都是分類隨機森林的視覺化結果，而它究竟與分類決策樹差異在哪裡？為了方便讓各位對照，我們直接在下方附上當時我們在分類決策樹所繪製出的視覺化圖。

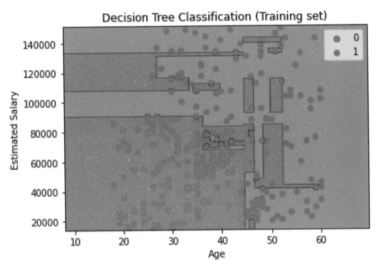

圖 3-5-32

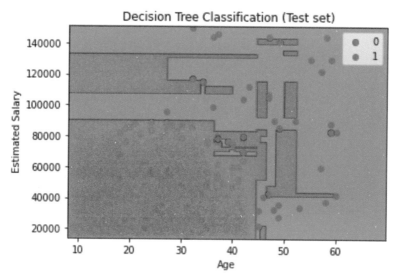

圖 3-5-33

　　比對分類隨機森林與分類決策樹的視覺化圖表後，我們發現雖然在預測精準度方面的數值並沒有上升，但它在分類的過程有些許變化，在分類隨機森林的視覺化圖表中我們發現紅色區塊及綠色區塊邊界的「滑順度」降低了，變得有更多曲折的地方，這其實也意味著分類隨機森林在模型訓練的過程其分類方式變得更加細微。因此我們透過圖表的觀察，確實發現隨機森林的預測細微度會大於決策樹。但若要在精準度上有所差異，各位不妨試試看使用更大的數據集或是有更多維度的資料來進行操作看看吧！

(二) K—平均演算法 (K-means Clustering)

　　接著，我們進入到本書介紹非監督式 MarTech 演算法的第二部分──K-means 演算法。K-means 演算法通常我們會叫它 K-means Clustering，顧名思義是一種聚類演算法，我們也可以稱它為分群、集群演算法，不過在這邊要特別注意一下的是，我們不把它稱為「分類」演算法。因為在本章節一開始有提到的，監督式學習演算法與非監督式學習演算法最大的

差異在於是否有為資料貼上標籤。雖然 K-means Clustering 與我們之前所教學的決策樹都有「分」這個動作，不過兩者之間其實存在著些許差異。在監督式學習演算法中，我們會事先給數據貼上標準答案，也就是為數據進行標註，再將後續收錄的數據進行歸類。舉個例子來說，父母在孩子還小時，為了讓孩子多認識這個世界，會買一些圖卡來讓孩子學習，以動物圖卡而言，當孩子看到這一張圖卡裡面的某個動物，並且也看到圖卡下方有標示說明其為「小狗」，那從今以後孩子只要在路上看到類似當時在圖卡上看到的動物，就會說：「是小狗！」而這樣的做法就屬於監督式學習中我們先為孩子提供答案。相對的，若今天這張圖卡上面沒有註記「小狗」，而我們先請孩子將「長得差不多」的動物分類在一起，最後我們再給他下定論說這個動物是什麼樣的一個動物，那麼這樣子的做法就屬於非監督式學習的「未為數據進行標記便開始分類」，我們並未先給出一個答案讓孩子去尋找與這個答案相似的其他事物，而是讓孩子先觀察這個動物圖卡的特徵，再讓他們依照這個特徵進行分類。

因此，雖然看似都是將數據分類，不過在監督式機器學習下我們才會稱它為「分類」，因為說實在的，我們的確有先給出一個「標準」、「答案」讓演算法進行分類，因此我們會稱它為「分類」；而非監督式機器學習演算法則是讓演算法先觀察數據與數據彼此的相似程度，並直接進行「聚類」，各位可以把它想成是「物以類聚」的概念，我們不知道這個「物」代表著什麼意義，但因為它們彼此之間具有相似處，因此把它們「聚在一起」。所以當我們在描述「分」這件事情時，在監督式機器學習演算法中我們稱之為「分類」，在非監督式機器學習演算法中我們則稱之為「聚類」、「分群」或「集群」。

透過這樣的解釋，或許各位讀者或多或少已經了解非監督式學習演算法對於數據聚類處理的強大之處，即不需為數據進行標註便可依照數據的關聯性進行分組。那麼現在我們就來深入探討 K-means Clustering 的運算邏輯吧！

K-means Clustering 的運算邏輯其實在上方已經傳遞給各位讀者

了，即透過數據與數據之間的關聯性爲這些數據進行分組、聚類。而透過 K-means Clustering 所分出的各個組別我們稱爲群集 (Cluster)。那麼 K-means Clustering 演算法在沒有提供數據「正確答案」之前，又是根據什麼來定義這組群集有高度關聯呢？常用的特徵則是數據與數據之間的「距離」。

以下圖 3-5-34 爲例，這是一個看似無關聯且均勻分布的數據集，但若你是一位行銷人員或是有些許的行銷經驗，或多或少看過類似這樣的數據分布，它通常會類似於客戶消費記錄、客戶於網站的瀏覽進度與足跡記錄等等。

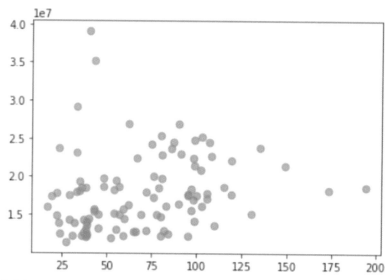

圖 3-5-34

而或許你的主管或客戶也曾經要求你將這樣子的數據集進行客戶的分群或是購物籃分析。這時的你可能毫無頭緒，不知道要用什麼指標或是特徵來爲數據進行分類，那麼此時 K-means Clustering 演算法便是一個很好的幫手，因爲 K-means Clustering 演算法即是透過觀察數據與數據（也就是圖 3-5-34 中的點與點）的距離來觀察出彼此相似的程度，進而產出圖 3-5-35 這樣子的分類結果。

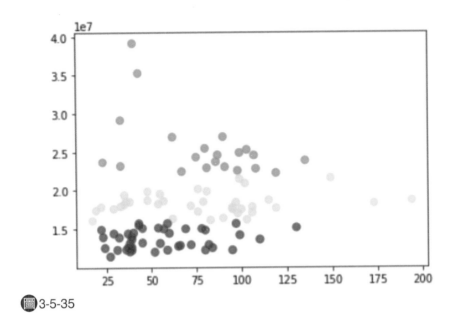

圖3-5-35

K-means Clustering 演算法的運算概念：

Step 1 　使用者決定將數據集分成 X 組

Step 2 　演算法找出這筆數據集的 X 個點作爲群集中心

Step 3 　計算每個點與 X 個群集中心的距離

Step 4 　將每一個點分配到距離自己最近的群集中心

Step 5 　重複第 3、第 4 步驟，直到計算完所有數據與群集中心距離

Step 6 　產出 X 個群集

　　透過 K-means Clustering 演算法的輔助，行銷人員必然能夠省下大把的時間來爲資料進行分類，並可以將大部分的精力專注於分類後的結果說明，而這也正是 K-means Clustering 的強大之處。

　　K-means Clustering 演算法的應用層面也是相當廣泛，它可以爲行銷人員進行客戶的購物籃分析；可以使用含有眾多維度的消費者資料來爲消費者進行會員制度上的分級；也可以從造訪網站的瀏覽者中爲公司找尋適當的目標受眾 (Target Audience, TA)。

　　理解完畢 K-means Clustering 演算法的運算邏輯及其應用層面後，我們便可以開始進行實作的部分。在這次的實作我們選用的數據集是美國一百家餐飲企業的商家資訊，我們希望可以對這一百筆資料進行聚類，看看美國前一百家餐飲企業的企業類型分布是如何，這樣一來我們便可以加以判斷，若自身餐飲企業要躋身進入美國前一百大，與可見的競爭對手之差距將會是如何。

	Rank	Restaurant	Sales	Average Check	City	State	Meals Served
0	1	Carmine's (Times Square)	39080335.0	40	New York	N.Y.	469803.0
1	2	The Boathouse Orlando	35218364.0	43	Orlando	Fla.	820819.0
2	3	Old Ebbitt Grill	29104017.0	33	Washington	D.C.	892830.0
3	4	LAVO Italian Restaurant & Nightclub	26916180.0	90	New York	N.Y.	198500.0
4	5	Bryant Park Grill & Cafe	26900000.0	62	New York	N.Y.	403000.0
...	...	...	...	...	...	...	...
95	96	George's at the Cove	12194000.0	80	La Jolla	Calif.	250000.0
96	97	Le Coucou	12187523.0	95	New York	N.Y.	87070.0
97	98	Mi Vida	12032014.0	38	Washington	D.C.	226226.0
98	99	Upland	11965564.0	52	New York	N.Y.	171825.0
99	100	Virgil's Real Barbecue	11391678.0	27	Las Vegas	Nev.	208276.0

100 rows × 7 columns

（圖）3-5-36

　　圖 3-5-36 即為這次實作所使用的數據樣貌，我們可以觀察出這筆數據集的維度多達七個，分別是排名 (Rank)、餐廳名稱 (Restaurant)、營業額 (Sales)、每筆訂單平均價格 (Average Check)、店家所在城市 (City)、店家所在州 (State)、訂單量 (Meals Served)。然而我們現在是要分析這一百家企業的企業類型分布狀況，因此我們這時就要進行維度的選用。在這裡我們選用營業額 (Sales) 及每筆訂單平均價格 (Average Check)，透過營業額 (Sales) 我們可以得知該筆企業的規模大小，而每筆訂單平均價格 (Average Check) 則可以知道該企業是屬於奢華類型的餐廳還是平價類型的小吃。理解完畢後我們就開始吧！

Step 1

新增一個 ipynb 檔案，並將它命名為 k_means_clustering.ipynb。

Step 2

安裝導入資料所需要使用到的套件。

```python
import pandas as pd
import matplotlib.pyplot as plt
```

圖 3-5-37

Step 3

導入套件後我們要將欲使用的數據匯入程式碼中，因此在這邊要將 Independence100.csv 檔案內的數據放入 dataset 變數中。接著，我們要從原始資料中提取我們要分析的變數，分別是營業額 (Sales) 及每筆訂單平均價格 (Average Check)，並將其放入 X 變數。其程式碼撰寫過程及執行結果如下圖 3-5-38、3-5-39 所示。

```python
X = dataset.iloc[:, [2, 3]].values
```

圖 3-5-38

```
X

array([[3.9080335e+07, 4.0000000e+01],
       [3.5218364e+07, 4.3000000e+01],
       [2.9104017e+07, 3.3000000e+01],
       [2.6916180e+07, 9.0000000e+01],
       [2.6900000e+07, 6.2000000e+01],
       [2.5409952e+07, 8.0000000e+01],
```

圖 3-5-39

Step 4

接著，我們就要開始建造 K-means Clustering 演算法的模型。不過在開始之前，各位應該還記得 K-means Clustering 演算法是幫助我們將數據分成多個「群集」，但到底要幾個群集才足夠呢？是一個？兩個？還是三個？其實都不盡然，因為不同的數據集會有不一樣的規模及狀態，且如果分太多群集的話就會變得毫無意義，就像是要把十顆蘋果分群，你可能需要依照蘋果的新鮮度、顏色等等進行分群，但若直接分成十類，每一類都只有一顆蘋果，這樣便是毫無意義的分群；若你只分成兩類或一類，那也有可能因為你分的組數不足，導致分出來的組內各筆數據相關性沒有明確的一致性。因此沒有說一定得分幾群才合適，所以這時我們就需要使用一個額外的工具來幫助我們判斷這筆數據該分成幾組才適合，也就是 K-means 內建的工具——Elbow method。

Elbow method 的程式碼如下：

```
[ ]  SSE = []

     k = range(2,11)

     for x in k:
         kmean_optimized = KMeans(n_clusters=x)
         kmean_optimized.fit(X)
         SSE.append(kmean_optimized.inertia_) # 計算inertia_，即SSE

     plt.figure(figsize=(8,4)) #X軸和Y軸的間隔數
     plt.plot(k,SSE,'bo--')
     plt.title("Optimal number of clusters")
     plt.xlabel('Number of Clusters')
     plt.ylabel("SSE value")
```

🖼 3-5-40

k = range(2, 11) 只是先預設可能的答案，意指有可能會有 k 組。kmean_optimized = KMeans(n_clusters=x) 則是先呼叫出這個工具，並放入 kmean_optimized 變數，接著才將資料集 X 放入 kmean_optimized 中，再把答案放入空的 SSE 串列內。最後我們再用 pyplot 套件將結果視覺化出

來，如圖 3-5-41。

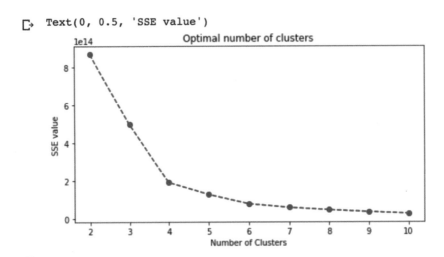

圖 3-5-41

　　而爲什麼這個工具叫做 Elbow method？原因就在於我們要找到那一個 Elbow（手肘），因爲這個手肘便是數據的轉捩點，所以這個手肘就會是我們要分的組數。而這個手肘是如何計算出來的，我們在這邊就不多做追究，因爲其運算過程極其複雜，我們只需知道這個工具的使用方法跟使用目的即可。所以透過圖 3-5-42 可以發現這筆數據最適合分成的群集爲 4。

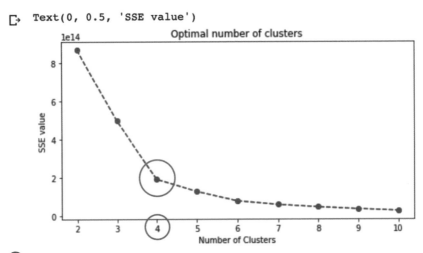

圖 3-5-42

因此，在接下來的程式碼設計，我們就可以知道這筆數據集要分成四個群集來進行分析。

Step 5

接著，以下這段程式碼是在讓我們找出這筆數據集的四個群集中心點。一開始在介紹 K-means Clustering 演算法時有提到數據的分群是先讓使用者輸入欲分的群集數 (n_clusters)，在這邊以 X 來表示，接著再依照這 X 個群集數來尋找整個數據集的 X 個中心點。

```
[ ]  from sklearn import cluster, datasets, metrics
     from sklearn.cluster import KMeans

     n_clusters = 4

     kmeans = cluster.KMeans(n_clusters).fit(X)  # 將df資料配適到KMeans()

     centroids = kmeans.cluster_centers_  # 取出各群中心點

     print(centroids)

     [[1.36343541e+07 5.59285714e+01]
      [2.40271509e+07 8.69047619e+01]
      [3.71493495e+07 4.15000000e+01]
      [1.80523340e+07 7.56571429e+01]]
```

圖3-5-43

透過簡單的程式碼可以看出這四個 cluster_centers（群集中心）的座標，理論上應該都會是相異的。接著可以再透過 labels_ 套件來將整筆數據集進行分群歸類，簡單來說就是各個數據點去找到與它距離最相近的那個中心點，並與它同為一群。

```
[ ]  cluster_labels = kmeans.labels_  # 顯示樣本資料隸屬集群
     print(cluster_labels)

     [2 2 1 1 1 1 1 1 1 1 1 1 1 1 1 1 1 1 1 1 1 1 1 1 1 1 1 3 3 3 3 3 3 3 3 3 3 3 3
      3 3 3 3 3 3 3 3 3 3 3 3 3 3 3 3 3 3 3 3 3 3 0 0 0 0 0 0 0 0 0 0 0 0 0 0 0 0 0 0
      0 0 0 0 0 0 0 0 0 0 0 0 0 0 0 0 0 0 0 0 0 0 0 0]
```

圖3-5-44

Step 6

　　將各筆數據各自歸群後，我們就可以來進行視覺化的部分。在這邊要注意你所呈現出的散布圖是否有四個不同的顏色，若不想以顏色來進行區分，也可以用數據點的形狀來進行四個群集的區分。

```
# 重新分四堆
n_clusters = 4

kmeans = cluster.KMeans(n_clusters).fit(x) # 將df1資料配適到KMeans()

plt.figure(figsize = (8,6))

# scatter()內接收第四個參數為資料點漸層係數，數值越小越透明
plt.scatter(X[:, [1]], X[:, [0]], c=kmeans.labels_, s=50, alpha=0.6)

# 接續執行第二次scatter()，此部分為標出各資料堆的中心點。
plt.scatter(centroids[:,1], centroids[:,0], c='red', s=200)

plt.title("K-means")

plt.xlabel("Average Check")

plt.ylabel("Sales")
```

圖 3-5-45

[ ] Text(0, 0.5, 'Sales')

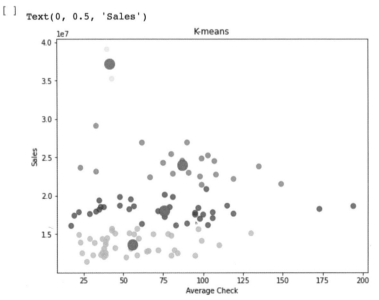

圖 3-5-46

觀察圖 3-5-46 可以發現散布圖結果有紅色的點，這個紅點就代表我們剛剛在 Step 5 所做的四個群集中心點，因此在這邊我們除了可以觀察出數據集被分成四個群集之外，還可以觀察每一個群集各自的中心點位置。

Step 7

呈現完畢資料的視覺化後，我們需要將分析的結果稍微釐清一下，在圖 3-5-46 中最上面的黃色數據堆，平均消費金額不高，但營業額很高，店的規模有可能最大，才能吸引大量消費者製造大量的營業額，因此很有可能是速食店。

而藍色數據堆則規模次之，透過藍色堆的紅色中心點位置可觀察到於該店內消費的消費者其平均消費金額分布略高，不過其營業額也高，因此可能是西餐店。

至於紫色數據堆的規模則排第三，且由於其平均消費的範圍最廣，表示該類型店家品項較多，可能爲咖啡廳、麵包店等等。

最後，綠色數據堆的紅色中心點位置指出其平均消費金額最低，且營收最少，因此其規模最小，很有可能是雜貨店或便利商店類型的店家。

透過這次的實作練習，各位讀者都了解到了群集分析的重要性及分析結果的應用範圍，最後我們將帶給各位讀者本書要介紹的最後一個演算法——主成分分析。

(三) 主成分分析 (Principal Component Analysis, PCA)

在這個大數據的時代，取得數據已經不再是個難題，取得「太多數據」才是我們該煩惱的問題，因此如何在一大筆數據集中萃取出我們所要使用的數據特徵，並找出這些特徵背後的價值，才是身爲行銷人的我們該克服的現況。接著進入到本書要介紹的最後一個演算法——主成分分析，主成分分析的英文專有名詞爲 Principal Component Analysis，簡稱 PCA，在後續的部分也會使用 PCA 來作爲主成分分析的代稱。

PCA 與上一章節我們介紹的集群分析都屬於非監督式演算法，它們

都不需特別為數據進行標註，且 PCA 是目前市面上最被頻繁使用的非監督式學習演算法之一。不過 PCA 並非如集群分析一般是針對數據的屬性、相似性進行分類，PCA 著重在數據的降維與相關性分析。那麼什麼是將數據降維呢？其實很簡單，若我們要對一筆數據進行分析時，在前面的幾個章節有跟各位提及過，數據的特徵（也就是「維度」）要越多越好，因為這樣才能為模型帶來更好的預測效果，然而過多或是過於凌亂而讓我們不知如何分類的特徵也不盡然是個好事，這時候就要刪減一些沒那麼有意義的特徵，也就是降低數據的維度（降維）。因此，可以把降維想像成是一種簡化數據的技術，就如同本書一樣，所介紹的這幾種演算法雖然深奧，但本書卻又能透過相較簡單的描述與幾個例子讓各位讀者了解這些演算法的運算邏輯及其應用，所以適當地降維能夠將一些意義不大的數據維度進行排除，並萃取重要性較強的數據特徵，而萃取出的特徵即為所謂的「主成分」。

降維的好處是能夠幫助模型在建置的過程中降低其負荷量，因為我們降低了原始數據的維度量，只呈現最重要的這幾個維度來進行預測模型建置，所以建置的速度會有大幅的提升，而建置的耗能會有大幅的下降。說到這裡各位讀者可能還是有點懵懵懂懂的，別緊張，我們以下將透過一些簡單的例子來說明什麼叫做降維。

假設今天收到一份某年度高中學測的數據集，要請你分析學生的國文、英文、數學、社會、自然成績，並呈現出今年的學測生考試成績分布狀態，若我們直接將這五個科目的直方圖繪製出來，那這樣後續還需要拿這幾張圖相互疊圖進行比較，實為麻煩，因此若不直接全盤分析國文、英文、數學、社會、自然的成績，我們可以透過主成分分析中的降維處理，得到「綜合成績」、「文理科成績」等指標，接著再用以上兩項指標（主成分）當作 X 軸及 Y 軸，繪製出「主成分負荷圖」，來呈現這次學測生在圖表中的位置。

再舉一個例子，若今天身為 NBA 某球隊首席分析師的你，要將你所屬這支球隊的球員進行分析並給出等第評分，在細項分析中我們可以得到

球員的禁區得分次數、中距離得分次數、三分線得分次數、抄截次數、阻攻次數、進攻籃板次數、防守籃板次數等等一堆的變數，然而若我們真的將每一個球員的這幾項指標一個一個繪製出來，再進行疊圖來判斷其球員的等第評分，那麼可能要耗費大量的工時與精力。因此若這時我們透過主成分分析進行數據集的降維，便可以得到「進攻」、「防守」、「球員身體素質」等指標。

　　至於最多我們能萃取出多少主成分呢？理論上若我們在一個數據集有 X 個變數（特徵），那麼最多我們便可以取出 X 個主成分，不過想當然耳，我們若是取出 X 個主成分那就會毫無意義，因為這並沒有達到「降維」的目的，依然還是使用一堆指標來進行分析。另外在萃取主成分時也是有優先順序的，萃取出的第一個主成分其影響力、意義會是最大，第二個提取的主成分便是次之。

1. 在這邊幫各位讀者彙整出 PCA 的三大目的：

　　(1) 代表性（保有原始數據集的意義）

　　(2) 獨立性（主成分之間不互相重複）

　　(3) 精簡性（以少量的主成分代替原來的眾多變數）

　　其實人工智慧領域也有運用到降維的時機，例如：影像處理。各位都知道，若我們要編輯我們的影像時，其解析度或是畫素過高，便肯定會覺得修圖修起來卡卡的，那是因為其軟體可能超出負荷了。那麼在進行人工智慧的影像處理時也一樣，我們可能只需要針對影像中的特定輪廓進行判斷，像是在進行車牌辨識時，我們只要知道車牌的英文字母跟數字就好，但現在的攝影機都越來越進步，幾乎每一台攝影機拍出來的照片都是彩色的，若此時我們直接將彩色的照片進行影像處理，可能就會因為這張照片的資訊過多，以致於我們的影像處理系統耗費大量性能在運算這張照片，導致運算掉落；若此時我們使用降維，來將這張照片先進行資料預處理，或許可以減少影像處理系統的運算耗能。最常用的降維方式就是彩色轉灰階 (RGB to Gray)。

圖 3-5-47

　　如圖 3-5-47，我們可以發現左側這張烏龜照片原本是彩色的，我們經過降維後將這張圖轉灰階變為右側的黑白烏龜照片，但其實整張圖烏龜的輪廓都還是一清二楚。而這樣的降維方式就能夠讓我們降低這張照片大量的資訊，使得在做影像處理時能夠更快速，且在開發演算法時也會比較好開發。而若以 PCA 來對圖 3-5-47 進行舉例，輪廓、光影強度這些就是稱為主成分，因此這些主成分就是從原始彩色照片中萃取出來的，它們是必要的，而其餘不必要的正是這些顏色等等的變數，所以 PCA 在進行主成分萃取時，就是要找出這些能夠代表原始數據意義的特定變數。

　　然而，問題來了，我們現在知道 PCA 的意義，其最重要的環節就是「降維」這個步驟，那麼 PCA 到底是透過什麼方式來將這麼多維度的數據集進行精簡化呢？若以數學的角度來說明，可以說 PCA 為各個變數進行了加權平均。

　　什麼意思呢？舉個例子，在台灣的教育體制中雖然有國文、英文、數學、社會、自然這五大科目，但不代表每一個科目的權重都是一樣的；同樣都是考 100 分，國文考 100 分跟社會考 100 分的意義卻是不一樣的，其價值及排名也不同，這些科目成績的權重會去乘以該科目的授課堂數。在台灣，國文、英文、數學的授課堂數是比社會及自然還要多出許多的，因

此同樣都是考 100 分，國文的 100 分價值會大於自然的 100 分價值。在數據的世界裡也是一樣，雖然這些變數都是出自於同一個數據集，但這些變數的權重卻也不盡相同，透過 PCA 決定這筆數據集的多個變數其權重為何，並加以計算，最後再訂出總指標，這個總指標則可以作為我們的「主成分」，而這種經由加權平均而得成的主成分，則能保有原始數據集的意義。再講稍微深入一些，我們以 2D 座標圖來表示說明，在統計學中線性代數扮演了非常重要的角色，其中「向量」又是一個不可或缺的元素，若在以前有學過線性代數的你們，應該知道當我們要找出一堆數值的向量時，要使用「投影」的方式，而投影是什麼意思呢？以下圖 3-5-48 表示。

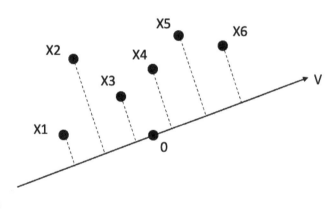

圖 3-5-48

　　在這張圖中我們可以看出有六筆數據 (X1~X6)，今天要找出一個東西可以最具體、最有代表性地表示這六個點的關係，而這個東西就稱為「投影向量」。投影向量的形成我們在這邊不做深奧的數學解釋，只要把它想像成是影子一樣即可，且每一個點至投影向量的距離線段與投影向量的角度為直角，這樣才能確保這個距離線段是最短的。而若這個投影向量越長則代表它越具備著整筆數據的代表性，所以我們也可以說這個投影向量的覆蓋範圍越廣，它之於這個數據集的代表性越高、解釋性越大。

　　所以若以圖 3-5-48 來看，經過計算後它的投影向量為 V，但我們也可以觀察圖 3-5-49，其實這筆數據的投影向量也可以是 V2。

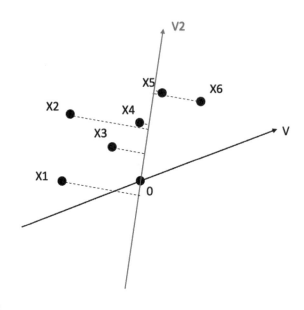

圖3-5-49

　　不過很明顯地我們可以看出 V2 的覆蓋範圍比 V 還要來得小，所以若要拿來作為 PCA 的主成分時，V 會比較恰當一些。

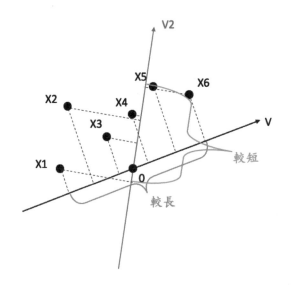

圖3-5-50

此外，我們在做 PCA 萃取主成分時，有時可能會萃取到兩個主成分，代表著這兩個主成分都各自擁有它們所要表達的意義，且兩個主成分的重疊性極低。注意，「兩個主成分的重疊性極低」代表著若以向量的形式表示的話，就會是兩個垂直的向量。那麼為什麼不是反向呢？因為反向其實是有關聯的，那就代表著「負相關」，所以我們在看 PCA 的投影向量時會看的是兩個相互垂直的投影向量，若要萃取兩個主成分時並不會萃取圖 3-5-50 中的 V 和 V2，因為它們量並非垂直，意味著有資訊重疊的可能性。

因此我們最常看到的向量表示是類似圖 3-5-51，在這裡可以發現較長的投影向量為「第一主成分」，較短的投影向量為「第二主成分」，所以在這邊各位也可以知道，主成分的排序是有其意義的，越前面的主成分其原始數據解釋力也就越大。

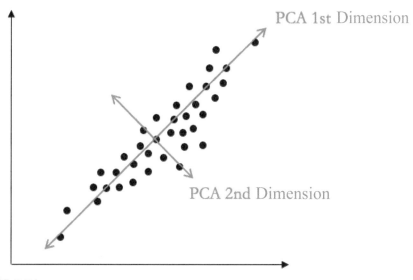

圖 3-5-51

不過既然是透過這種投影向量的方式來決定主成分，各位可能也會發現 PCA 的一些缺點，以下爲各位統整 PCA 的缺點：

1. 受極端值影響較大。

2. 數據在非高斯分布下，萃取出的特徵不一定是最優的。

3. 無法透過參數對 PCA 萃取主成分時進行干預。

現在各位稍加理解了 PCA 應用及運算邏輯，那我們就開始進入實作的部分吧！在這一部分的實作，我們一如往常地來個情境假設。

假設你是一個接案行銷分析師，現在有一個葡萄酒商要請你爲他進行一些行銷模型的建置，這個酒商有著極大量的客戶，這也意味者這個葡萄酒商有販賣許多類型的葡萄酒。這個客戶提供給你的數據集如圖 3-5-52，觀察這個數據集可以發現這個葡萄酒商確實擁有繁多的品項，且每一個品項也包含著許多特徵。

Alcohol	Malic_Acid	Ash	Ash_Alcanity	Magnesium	Total_Phenols	Flavanoids
14.23	1.71	2.43	15.6	127	2.8	3.06
13.2	1.78	2.14	11.2	100	2.65	2.76
13.16	2.36	2.67	18.6	101	2.8	3.24
14.37	1.95	2.5	16.8	113	3.85	3.49
13.24	2.59	2.87	21	118	2.8	2.69
14.2	1.76	2.45	15.2	112	3.27	3.39
14.39	1.87	2.45	14.6	96	2.5	2.52
14.06	2.15	2.61	17.6	121	2.6	2.51
14.83	1.64	2.17	14	97	2.8	2.98
13.86	1.35	2.27	16	98	2.98	3.15
14.1	2.16	2.3	18	105	2.95	3.32
14.12	1.48	2.32	16.8	95	2.2	2.43
13.75	1.73	2.41	16	89	2.6	2.76
14.75	1.73	2.39	11.4	91	3.1	3.69
14.38	1.87	2.38	12	102	3.3	3.64

圖 3-5-52

　　現在客戶想要發行一項新的葡萄酒產品，而他想了解公司在擁有這麼多產品及客戶的情況下，這個新的葡萄酒產品將會打到自家公司的哪一個客戶群。不過在這次的原始數據集中，我們發現客戶要求預測的最終結果「哪一個客群」並沒有存在於這個數據集中。因此，在這次的情境中，我們共需要分成兩大塊來執行以滿足客戶的需求。

1. 先將現有商品進行分群，了解不同的商品所定位的客戶群是如何，這樣才能知道這個客群的屬性。
2. 進行預測模型的建置，而在這邊因為單筆商品的特徵繁多，所以我們必須使用 PCA 為原始數據進行降維，這樣一來才能夠有效降低預測模型的耗能。

Step 1

　　透過上述的判斷，我們可以知道這次的練習在進行 PCA 之前必須要先將現有產品進行聚類分析。然而，聚類分析正是我們在上一章節所教授給大家的 K-means Clustering 演算法，在這次實作的聚類分析也是使用 K-means Clustering 演算法，其撰寫流程大同小異，因此我就不在這邊多

Nonflavanoid_Pheno	Proanthocyanins	Color_Intensity	Hue	OD280	Proline	Customer_Segment
0.28	2.29	5.64	1.04	3.92	1065	1
0.26	1.28	4.38	1.05	3.4	1050	1
0.3	2.81	5.68	1.03	3.17	1185	1
0.24	2.18	7.8	0.86	3.45	1480	1
0.39	1.82	4.32	1.04	2.93	735	1
0.34	1.97	6.75	1.05	2.85	1450	1
0.3	1.98	5.25	1.02	3.58	1290	1
0.31	1.25	5.05	1.06	3.58	1295	1
0.29	1.98	5.2	1.08	2.85	1045	1
0.22	1.85	7.22	1.01	3.55	1045	1
0.22	2.38	5.75	1.25	3.17	1510	1
0.26	1.57	5	1.17	2.82	1280	1
0.29	1.81	5.6	1.15	2.9	1320	1
0.43	2.81	5.4	1.25	2.73	1150	1
0.29	2.96	7.5	1.2	3	1547	1

Alcohol	Malic_Acid	Ash	Ash_Alcanity	Magnesium	Total_Phenols	Flavanoids
14.23	1.71	2.43	15.6	127	2.8	3.06
13.2	1.78	2.14	11.2	100	2.65	2.76
13.16	2.36	2.67	18.6	101	2.8	3.24
14.37	1.95	2.5	16.8	113	3.85	3.49
13.24	2.59	2.87	21	118	2.8	2.69
14.2	1.76	2.45	15.2	112	3.27	3.39
14.39	1.87	2.45	14.6	96	2.5	2.52
14.06	2.15	2.61	17.6	121	2.6	2.51
14.83	1.64	2.17	14	97	2.8	2.98
13.86	1.35	2.27	16	98	2.98	3.15
14.1	2.16	2.3	18	105	2.95	3.32
14.12	1.48	2.32	16.8	95	2.2	2.43
13.75	1.73	2.41	16	89	2.6	2.76
14.75	1.73	2.39	11.4	91	3.1	3.69
14.38	1.87	2.38	12	102	3.3	3.64

圖 3-5-53

做贅述，讓各位自行練習。不過要記得，練習完畢並成功分群後，在這邊需要將「各個商品所屬的群集」這項特徵新增至這次實作原始數據集的最後一個欄位，如圖 3-5-53。這樣一來，我們就可以透過 PCA 了解這個新的葡萄酒商品將會被歸類為哪個群集當中，並將其推薦給正確的客戶群。所以在這次的實作中，我們可以說是要創造一個「推薦系統」。

Step 2

接著我們就來開始進入程式碼的部分，首先一如往常地要先新增一個 ipynb 檔案，並將它命名為 principal_component_analysis.ipynb。

Step 3

接著，安裝導入資料所需要使用到的套件。

```
[ ] import numpy as np
    import matplotlib.pyplot as plt
    import pandas as pd
```

圖 3-5-54

Nonflavanoid_Pheno	Proanthocyanins	Color_Intensity	Hue	OD280	Proline	Customer_Segment
0.28	2.29	5.64	1.04	3.92	1065	1
0.26	1.28	4.38	1.05	3.4	1050	1
0.3	2.81	5.68	1.03	3.17	1185	1
0.24	2.18	7.8	0.86	3.45	1480	1
0.39	1.82	4.32	1.04	2.93	735	1
0.34	1.97	6.75	1.05	2.85	1450	1
0.3	1.98	5.25	1.02	3.58	1290	1
0.31	1.25	5.05	1.06	3.58	1295	1
0.29	1.98	5.2	1.08	2.85	1045	1
0.22	1.85	7.22	1.01	3.55	1045	1
0.22	2.38	5.75	1.25	3.17	1510	1
0.26	1.57	5	1.17	2.82	1280	1
0.29	1.81	5.6	1.15	2.9	1320	1
0.43	2.81	5.4	1.25	2.73	1150	1
0.29	2.96	7.5	1.2	3	1547	1

Step 4

導入套件後我們要將欲使用的數據匯入程式碼中，因此在這邊要將
Wine.csv 檔案內的數據放入 dataset 變數中。並從 dataset 中提取我們要操
作的變數至 X 和 y，分別是葡萄酒的各個特徵及最後一項集群分析後所屬
的類別。其程式碼撰寫過程及執行結果如下圖 3-5-55 所示。

```
[ ]  dataset = pd.read_csv('Wine.csv')
     X = dataset.iloc[:, :-1].values
     y = dataset.iloc[:, -1].values
```

圖3-5-55

Step 5

因為本次的情境是要建設模型並預測新的產品其定位在哪一個客
群，然而這邊因為並非屬於真正的實際案例，所以無從得知「新產品的特
徵」，因此在一開始我們先將原始數據切分成訓練集和測試集，訓練集的
目的是讓我們可以建設模型用的，而測試集的目的則是拿來當作「新產

品」。這邊訓練集和測試集的拆分，就如以第三章一開始介紹監督式學習的線性回歸演算法一樣的方式進行拆分，程式碼如圖 3-5-56 所示。

```
[ ] from sklearn.model_selection import train_test_split
    X_train, X_test, y_train, y_test = train_test_split(X, y, test_size = 0.2, random_state = 0)
```

圖 3-5-56

Step 6

接著，這個步驟是在「分類決策樹」有提到的，那就是特徵縮放 (Feature Scaling)，在這邊，因為 Wine.csv 的 X_train 和 X_test 都達到在「分類決策樹」有提到的「須做特徵縮放」的標準，因此在這個步驟我們也要為我們的 Wine.csv 數據集進行特徵縮放，我們使用的特徵縮放方式是將數據標準化，程式碼如下圖 3-5-57 所示。

```
[ ] from sklearn.preprocessing import StandardScaler
    sc = StandardScaler()
    X_train = sc.fit_transform(X_train)
    X_test = sc.transform(X_test)
```

圖 3-5-57

我們在這邊特徵縮放了我們要拿來訓練模型的 X_train，和要當作新產品特徵的 X_test。得到的結果分別如圖 3-5-58 和圖 3-5-59 所示。

```
[5] X_train

    array([[ 0.87668336,  0.79842885,  0.64412971, ...,  0.0290166 ,
            -1.06412236, -0.2059076 ],
           [-0.36659076, -0.7581304 , -0.39779858, ...,  0.0290166 ,
            -0.73083231, -0.81704676],
           [-1.69689407, -0.34424759, -0.32337513, ...,  0.90197362,
             0.51900537, -1.31256499],
```

圖 3-5-58

```
[6]  X_test
        -8.83469169e-01,   2.09400195e+00,  -2.03019009e+00,
        -7.48397663e-01,   1.29480428e+00,  -1.27242864e+00,
        -2.05907601e-01],
      [-5.77947357e-01,   5.16403072e-02,  -7.32704101e-01,
        4.21253438e-01,  -8.49599852e-01,   4.77968712e-01,
        3.29925044e-01,  -8.13473273e-01,  -6.55293339e-01,
       -1.28380720e+00,  -2.32870507e-01,   2.69037829e-01,
       -1.37863409e+00],
      [-6.89842028e-01,  -7.58130400e-01,  -2.86163404e-01,
        5.67008770e-01,  -9.90455870e-01,   7.89682413e-01,
        1.23482920e+00,   2.08072075e-01,   2.78278529e-01,
```

🔲 3-5-59

Step 7

緊接著我們就可以來建置 PCA 模型了。

```
[ ]  from sklearn.decomposition import PCA
     pca = PCA(n_components = 2)
     X_train = pca.fit_transform(X_train)
     X_test = pca.transform(X_test)
```

🔲 3-5-60

在這裡我們將萃取兩個主成分，而操縱主成分的萃取數量則是 PCA()
中的 n_components 參數。接著再分別將 X_train 及 X_test 放入這個「PCA
萃取器」（變數 pca）中，因此在後面當我們呼叫變數 X_train 及 X_test
時，它們各自都僅剩下兩個維度而已了（各自萃取出的兩個主成分）。

```
[8]  X_train
        [-4.13332842e-01,   2.20440158e+00],
        [-4.81356617e-02,   1.17469609e+00],
        [ 1.99166500e+00,  -2.50860656e-01],
        [ 2.26421169e+00,  -1.32120813e+00],
        [ 7.85551414e-01,  -2.46487051e-01],
```

🔲 3-5-61

```
[9]  X_test

     array([[ 2.20685211e+00,  -1.02850086e+00],
            [-2.53651962e+00,  -1.83644227e+00],
            [ 2.19183305e+00,   1.81240519e+00],
            [ 2.51489251e+00,  -1.38907803e+00],
            [-3.47991313e-01,   5.25397912e-01],
            [ 1.44174066e+00,  -2.89674514e-01],
```

圖 3-5-62

　　其實在這個步驟我們就已經透過 PCA 將主成分萃取出來了，PCA 的工作也在這邊告一段落，接著我們就要使用「分類」來將降維後的數據集進行區隔。

Step 8

　　在這邊，我們就使用本書有教學過的分類決策樹來作爲這次要使用的分類演算法。其詳細的撰寫過程及運算邏輯在「分類決策樹」的章節有教學過了，我就不再多做贅述，則其應用在本案例的程式碼如下圖 3-5-63 所示。

```
from sklearn.tree import DecisionTreeClassifier
classifier = DecisionTreeClassifier(criterion = 'entropy', random_state = 0)
classifier.fit(X_train, y_train)
```

```
▼              DecisionTreeClassifier
DecisionTreeClassifier(criterion='entropy', random_state=0)
```

圖 3-5-63

Step 9

　　分類模型建置完畢後，我們來驗證這個分類模型的分數及其分類數量，透過下方圖 3-5-64 程式碼我們得到這個模型的預測分數高達 97.2%，是一個蠻不錯的預測分數，且藉由混淆矩陣的計算我們可以知道這次的分類被分成三組，接著就可以進到最後一個步驟——視覺化。

```
[ ]  from sklearn.metrics import accuracy_score
     y_pred = classifier.predict(X_test)
     print(accuracy_score(y_test, y_pred))
     cm = confusion_matrix(y_test, y_pred)
     print(cm)

     0.9722222222222222
     [[14  0  0]
      [ 1 15  0]
      [ 0  0  6]]
```

圖 3-5-64

Step 10

　　首先我們先來視覺化訓練集的部分，而這邊的視覺化程式碼撰寫方式
也與「分類決策樹」章節的視覺化方式一樣，在這邊我就不詳細描述程式
碼內的相關參數，因為我們僅將「分類決策樹」章節的數據集換成這邊的
主成分一、主成分二。

```
[ ]  from matplotlib.colors import ListedColormap
     X_set, y_set = X_train, y_train
     X1, X2 = np.meshgrid(np.arange(start = X_set[:, 0].min() - 1, stop = X_set[:, 0].max() + 1, step = 0.01),
                          np.arange(start = X_set[:, 1].min() - 1, stop = X_set[:, 1].max() + 1, step = 0.01))
     plt.contourf(X1, X2, classifier.predict(np.array([X1.ravel(), X2.ravel()]).T).reshape(X1.shape),
                  alpha = 0.75, cmap = ListedColormap(('red', 'green', 'blue')))
     plt.xlim(X1.min(), X1.max())
     plt.ylim(X2.min(), X2.max())
     for i, j in enumerate(np.unique(y_set)):
         plt.scatter(X_set[y_set == j, 0], X_set[y_set == j, 1],
                     c = ListedColormap(('red', 'green', 'blue'))(i), label = j)
     plt.title('Logistic Regression (Training set)')
     plt.xlabel('PC1')
     plt.ylabel('PC2')
     plt.legend()
     plt.show()
```

圖 3-5-65

視覺化結果的部分則如圖 3-5-66 所示。

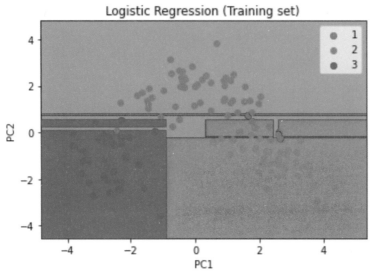

3-5-66

Step 11

接著，我們視覺化測試集的部分。

```
from matplotlib.colors import ListedColormap
X_set, y_set = X_test, y_test
X1, X2 = np.meshgrid(np.arange(start = X_set[:, 0].min() - 1, stop = X_set[:, 0].max() + 1, step = 0.01),
                     np.arange(start = X_set[:, 1].min() - 1, stop = X_set[:, 1].max() + 1, step = 0.01))
plt.contourf(X1, X2, classifier.predict(np.array([X1.ravel(), X2.ravel()]).T).reshape(X1.shape),
             alpha = 0.75, cmap = ListedColormap(('red', 'green', 'blue')))
plt.xlim(X1.min(), X1.max())
plt.ylim(X2.min(), X2.max())
for i, j in enumerate(np.unique(y_set)):
    plt.scatter(X_set[y_set == j, 0], X_set[y_set == j, 1],
                c = ListedColormap(('red', 'green', 'blue'))(i), label = j)
plt.title('Logistic Regression (Test set)')
plt.xlabel('PC1')
plt.ylabel('PC2')
plt.legend()
plt.show()
```

圖 3-5-67

視覺化結果的部分則如圖 3-5-68 所示。

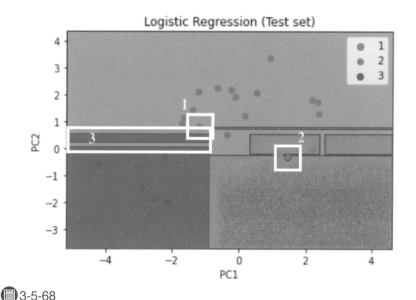

圖 3-5-68

　　觀察 Step 9 及 Step 10，我們可以發現測試集的視覺化圖表中，其實有些點（新產品）沒有在正確的類別當中，例如白框 1 及白框 2，且原本有被劃分的類別並沒有點的存在，例如白框 3。不過若縱觀來看，這個測試集所對應到訓練集分類的部分已經相當精確了，且模型分數也落在 97.2%，所以已經是個良好的預測模型。

　　在這邊我們的分類演算法是使用本書教學過的分類決策樹演算法，但若各位讀者有研究其他的分類演算法，其實也是可以自行替換來做使用的，並沒有限制使用 PCA 僅能搭配分類決策樹來做使用，不過若各位讀者替換使用其他的分類模型，它的預測結果可能會稍加不同。

　　若各位讀者讀到這邊時，也代表著本書所要介紹的行銷演算法，各位讀者都已學習且吸收完畢了。機器學習領域還有許許多多的演算法等著各位去學習，只不過本書所傳授的演算法為行銷界較常使用到的一些演算法而已，並不代表其他本書沒教的演算法並不能應用在行銷領域當中，且各

位也可以試著將本書第二章〈GA4 歷史資料提取〉所教導的多種 GA 歷史資料提取方式應用在自己的網頁中，並結合第三章〈行銷演算法〉所學習的內容，為自己的網站數據加值，變為含金量更高的數據。而當各位已經可以將自家網站的使用者瀏覽數據與機器學習演算法融會貫通後，想必你們已經與傳統行銷人員產生極大的差異化了！

　　而各位別忘記了，本書還有最後一個章節，那就是建置自己的演算法 UI 介面，這個章節主要是在幫助各位，當你們已經知悉行銷演算法的邏輯、操作流程、程式碼撰寫方式後，可能會產生一個問題：「每次要使用演算法分析數據時，都要打開 Python 來匯入資料集並且修改程式碼，太麻煩了。」這時若有一個淺顯易懂的使用者介面，則能幫助你，甚至是不會撰寫程式碼的同事們，簡單且快速地完成資料預測並顯示視覺化成果。

第四章

UI 介面

　　使用者介面 (User Interface, UI) 及使用者體驗 (User Experience, UX)，是我們在開發系統與使用者互動的平台時經常會去探討的兩大面向。

　　使用者介面（簡稱 UI）顧名思義是比較近技術層面的。簡單來說，當我們撰寫完畢單變量線性回歸演算法，雖然幫助我們更快且更精準地預測公司資料，不過若要預測另一筆類似的數據（不討論資料處理這塊），當我們身邊的同事或主管操作一次這樣的預測模型時，他們可能完全看不懂你在撰寫的是什麼，因此也無法正確地執行程式碼，更不用說更換檔案來分析不同報表，這時候若我直接將程式碼丟給他們自行摸索及操作，極有可能這個程式碼就會被改壞，而我又要重新修復這段程式碼。因此若我在給他們這個預測模型時，先開發一個介面，讓他們看不到程式碼，只跟這個介面進行互動，舉例來說，介面上面僅有兩個按鈕，第一個是「選擇檔案」，同事及主管點擊這個按鈕後，便可以自行選擇欲分析的報表檔案位置為何；第二個則是「開始執行分析」按鈕。在這個只有兩個按鈕的介面，要操作錯誤的機率也會降低非常多，而這個介面就是所謂的 UI。

　　至於使用者體驗（簡稱 UX）則是偏向使用者心理層面，回到剛剛舉的例子，雖然我們開發了一個介面來讓身旁這些不熟悉程式語言的朋友進行操作，但若我們設計把「開始執行分析」的按鈕位置放在「選擇檔案」欄位的上方，那麼操作起來肯定會有點不合邏輯吧！因此 UX 就是在幫助 UI 設計師讓他們所設計的使用者介面最符合使用者的操作邏輯，使得使用者在操作光鮮亮麗的介面時也擁有良好的使用體驗。由此可知，UI 與 UX 其實有著密不可分的關係，不過在這邊我們不去探討 UX 的部分，因

為 UX 的範圍既廣又深，比較不可量化，且其可能會因為不同的網站類別而有不同的體驗流程設計方式，此外，在學習 UX 之前也必須學會如何製作初步的 UI 介面，因此我們就不在本書針對 UX 進行深入的探討，直接進入 UI 設計的環節。

一、Python 安裝

製作 UI 的工具不勝枚舉，例如大家耳熟能詳的 Figma、Adobe XD，也有一些專門為數據分析儀表板所開發的 UI 介面，例如 Power BI。而本書所要傳遞的設計 UI 方式只是其中一種而已，若各位往後有興趣學習其他的 UI 介面，可以上網或者至 YouTube 學習。那此時或許你會納悶：「既然網路上就可以學習了，何必建立此章節呢？」原因在於本書所要傳遞的工具為 TKinter，先前所提到的那幾項工具幾乎都是在網站上拉一拉模板即可，但若今天需要進行更細微的變動，又或者需要與程式碼部分進行互動時，那麼上方所提及的那些工具多半都無法勝任。

由此可知，TKinter 是一個完全由開發者自行透過程式碼來設計 UI 的一個開發工具，而這個 UI 開發工具所使用的程式語言也正是 Python，因此我們便能很好地將我們在第三章所學的行銷演算法與 TKinter 做結合。不過在這邊各位要稍加注意的是，若要使用 TKinter 的資源包，我們先前所使用的編譯環境 Google Colab 無法使用，因為 Google Colab 是將我們在電腦撰寫的程式碼連動到 Google，讓 Google 那邊的電腦去跑我們所撰寫的程式碼，而 TKinter 僅能在自己的本機端進行操作，所以我們現在就必須安裝 Python 至我們的電腦。

Step 1

至搜尋引擎搜尋框輸入「Python download」。

圖 4-1-1

Step 2

按下搜尋後，點選網域為 .org 的搜尋結果。

圖 4-1-2

Step 3

　　進入頁面後，將滑鼠游標移至上方的「Downloads」欄位，此時如圖 4-1-3 中的紅色方框內，左側會顯示各個作業系統，此時點擊自己所使用的作業系統即可跳至屬於該作業系統的 Python 下載頁面，而紅色方框內右邊的部分則是該網頁會自動偵測你所使用的電腦是屬於哪一個作業系

統，進而直接提供屬於你作業系統的 Python 下載包。

　　這邊我不建議各位直接點擊紅色方框右側的版本進行下載，因為通常在這邊顯示的版本都會是 Python 最新版，一般來說我們不會去下載最新的版本。各位都知道，Python 裡面有很多的套件，例如我們之前 import 過的 numpy、sklearn 等等，這些套件的更新可能不及 Python 更新得這麼快速，所以可能會發生程式碼沒有撰寫錯誤，但卻一直無法執行的情形，發生這種狀況的原因就很有可能是因為你所使用的套件在最新的 Python 版本中無法執行。

　　因此我們通常會點擊紅色方框左側的作業系統來選擇所要下載的 Python 版本。

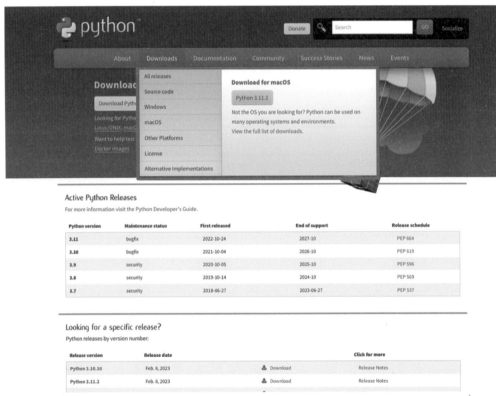

圖4-1-3

Step 4

在這邊我以 MacOS 的版本為各位舉例，點擊進入 MacOS 的下載區後，我們要下載的是左側「Stable Releases」的部分，而到底要下載哪一個版本呢？其實這就看各位讀者是什麼時候看到這本書了，在撰寫本書的當下，我是使用 3.10.7 64-bit 這個版本，但也很有可能你在看到這本書時，是十年之後，那時或許 3.10.7 64-bit 就不存在了，因此要下載哪一個版本並沒有標準答案，只不過建議各位不要下載最新的版本。

Python ⟫ Downloads ⟫ macOS

Python Releases for macOS

- Latest Python 3 Release - Python 3.11.2

Stable Releases

- Python 3.10.10 - Feb. 8, 2023
  - Download macOS 64-bit universal2 installer
- Python 3.11.2 - Feb. 8, 2023
  - Download macOS 64-bit universal2 installer
- Python 3.11.1 - Dec. 6, 2022
  - Download macOS 64-bit universal2 installer
- Python 3.10.9 - Dec. 6, 2022
  - Download macOS 64-bit universal2 installer
- Python 3.9.16 - Dec. 6, 2022
  - No files for this release.
- Python 3.8.16 - Dec. 6, 2022
  - No files for this release.
- Python 3.7.16 - Dec. 6, 2022
  - No files for this release.
- Python 3.11.0 - Oct. 24, 2022
  - Download macOS 64-bit universal2 installer
- Python 3.9.15 - Oct. 11, 2022
  - No files for this release.
- Python 3.8.15 - Oct. 11, 2022
  - No files for this release.
- Python 3.10.8 - Oct. 11, 2022

Pre-releases

- Python 3.12.0a6 - March 8, 2023
  - Download macOS 64-bit universal2 installer
- Python 3.12.0a5 - Feb. 7, 2023
  - Download macOS 64-bit universal2 installer
- Python 3.12.0a4 - Jan. 10, 2023
  - Download macOS 64-bit universal2 installer
- Python 3.12.0a3 - Dec. 6, 2022
  - Download macOS 64-bit universal2 installer
- Python 3.12.0a2 - Nov. 15, 2022
  - Download macOS 64-bit universal2 installer
- Python 3.12.0a1 - Oct. 25, 2022
  - Download macOS 64-bit universal2 installer
- Python 3.11.0rc2 - Sept. 12, 2022
  - Download macOS 64-bit universal2 installer
- Python 3.11.0rc1 - Aug. 8, 2022
  - Download macOS 64-bit universal2 installer
- Python 3.11.0b5 - July 26, 2022
  - Download macOS 64-bit universal2 installer
- Python 3.11.0b4 - July 11, 2022
  - Download macOS 64-bit universal2 installer
- Python 3.11.0b3 - June 1, 2022

圖 4-1-4

Step 5

選擇好欲下載的版本後，在電腦的下載區域即可看到我們下載的 .pkg 檔案。我們就對它點兩下，開始執行。

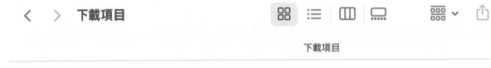

python-3.10.7-
macos11.pkg
40.9 MB

圖 4-1-5

Step 6

接著就是一連串的詢問你同不同意、允不允許，我們都選擇「同意」、「允許」。

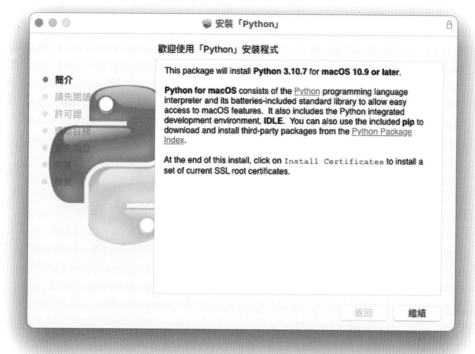

圖4-1-6

　　都下載完後，我們的 Python 就算是下載完畢了，不過這邊要注意的是，我們雖然下載完 Python，但由於 Python 官方所提供的 Python 撰寫環境不太友善，所以我們必須安裝第三方的 Python 編譯環境。

二、VScode 安裝

　　我們在這邊所要安裝的第三方編譯環境叫做 Visual Studio Code，簡稱 VScode。這個編譯環境的優點在於它的操作介面較為實用，可以比較好理解地去修改程式碼，且最大的優點在於這個編譯環境並不是只能撰寫 Python，而是可以撰寫其他的程式語言，要用來開發網站也可以。正是因為如此好用，所以我們選擇它來作為我們的編譯環境。

Step 1

至搜尋引擎搜尋框輸入「Visual Studio Code」。

圖 4-2-1

Step 2

按下搜尋後，點選第一個搜尋結果。

圖 4-2-2

Step 3

點擊進入後，我們就可以發現 VScode 跟我們先前在下載 Python 一樣，它會自動幫我們偵測作業系統，而這邊因為這個只是編譯環境而已，所以我們就可以直接點擊它所提供的下載快捷鍵進行下載，當然你也可以點擊右上角的「Download」下載其他作業系統或是其他 VScode 的版本。

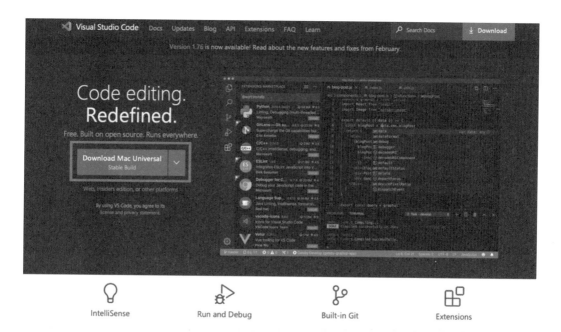

圖 4-2-3

Step 4

點擊下載後，會跳轉至另一個頁面，並跳出是否同意下載的介面，點選「允許」。

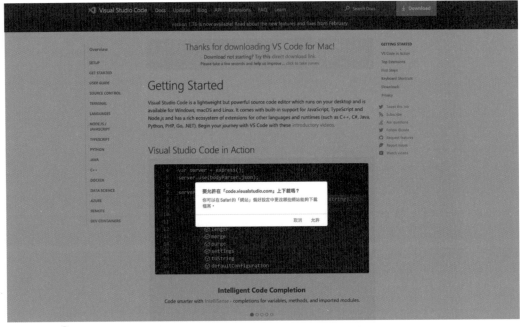

圖4-2-4

Step 5

下載完畢後，在電腦的下載區域即可看到我們下載的 VScode。

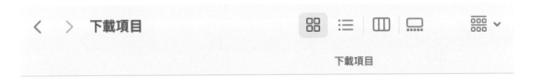

Visual Studio
Code.app

圖4-2-5

　　點擊兩下開啓 VScode，這時 VScode 就會自動幫我們抓取到我們電腦所下載的 Python，接著就可以開始撰寫程式碼了。

　　在這邊跟各位簡介一下 VScode 的介面，圖 4-2-6 是開啓 VScode 後會看到的左上角部分，我們選擇第一個像資料夾的圖案，點擊後所跳出的這個選單第一部分「OPEN EDITORS」內所存放的是你現在正開啓並且在進行編輯的分頁。第二部分顯示「NO FOLDER OPENED」的這個區域則是你開啓的這個資料夾中的所有內容。

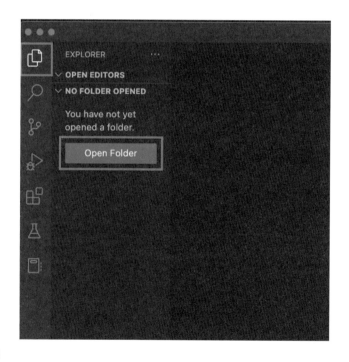

圖 4-2-6

　　因爲現在我們只是單純打開 VScode，沒有開啓任何資料夾，所以這邊才會顯示「NO FOLDER OPENED」，若我們今天在桌面新增一個資料夾，裡面用來存放本書所要傳授的程式碼，我將它命名爲「GA MarTech 演算法」，建立完畢後，我們點擊圖 4-2-6 中的「Open Folder」，這時原本的「NO FOLDER OPENED」字樣應該就會變成「GA MarTech 演算法」。

　　這時若想要在這個資料夾新增檔案，就將滑鼠游標移動到「GA MarTech 演算法」字樣上方，則會出現圖 4-2-7 這幾個按鈕。這時我們點選最左邊的那個按鈕，最左邊的按鈕是新增「檔案」，因此點擊一下就會出現如圖 4-2-8 紅色方框中的欄位，此時便可以輸入你想取的檔名，記得在這邊除了輸入檔名之外也要輸入檔案類型，例如：UI 介面設計 .py、單變量分析演算法 .ipynb。

圖 4-2-7

圖 4-2-8

　　這樣一來 VScode 的操作介面就描述完畢了，接下來我們就要開始操作 UI 的設計。

三、打造戰情數據儀表板

在一開始有描述 UI 概念及其意義，UI 僅是一個使用者與程式碼互動的介面，其 UI 的設計會因應不同的程式碼、不同的目的，而有不同的程式碼撰寫方式。因此在這邊我們就用一個最簡單的範例來進行教學，這個範例即為各位在第三章所學的單變量線性回歸演算法，我們期望透過 UI 來為使用者設計一個方便操作單變量線性回歸演算法的預測模型。透過完整學習這個範例，各位日後要對「決策樹演算法」、「K-Means 演算法」等等去進行 UI 設計時，都不會是太困難的地方，因為本章所傳遞的內容就是 UI 設計時該注意的環節及其一些套件的應用，例如：按鈕的設計、頁面大小的設計等等。

另外，在開始之前，要先跟各位傳遞一些小觀念，因為我們接下來所使用的檔案類型為 .py 檔，這種檔案類型與我們之前所使用的 .ipynb 檔差異在於 .py 檔的執行會是一次執行整個檔案的程式碼，無法像之前那樣一段一段程式碼分開執行，因此這邊在進行程式碼撰寫時要特別小心，不然若是有寫錯，將會比 .ipynb 檔更難 debug。

且因為我們現在需要在一個檔案撰寫 TKinter 設計 UI 的程式碼，也需要撰寫單變量線性回歸預測模型的演算法，因此我們需要使用到 def 函式進行功能上的呼叫，若有 Python 基礎能力的讀者想必知道 Python 可以透過 def 函式來歸類系統所要使用的功能，而沒有 Python 基礎能力的讀者也不用擔心，我在這邊做一個簡單的說明。透過程式語言建立一個系統的概念就像是蓋一棟房子，而使用 Python 來蓋這一棟房子我們可以想像是用「樂高」在蓋房子，一般來說若我們房子的某一層樓出了一個極大的問題導致結構不穩時，就必須要將這棟房子拆除並重蓋，相當耗費時間與金錢，不過若我們是用樂高來蓋房子，當其中一層出現一大問題時，我們其實只需要將特定那一層的樂高「拔出來」進行修正，又或者換上一塊新的樂高，前前後後的樓層則都不需要進行更動。

Python 也有類似的功能，我們可以將每一個 def 函式做一塊樂高，而每一個 def 都擁有它們專屬的功能，以點餐系統為例，其所需要擁有的功

能可能包含：MENU 顯示功能、將產品收集至購物車功能、購物車資訊送往廚房功能、顧客資料傳輸功能等等，而這些功能我們可以一一透過其專屬的 def 函式進行撰寫，這樣一來當今天某一個功能出狀況或是要升級時，我們可以更快速、更簡潔地進行修正。

因此，在這次的 UI 設計練習，我們將會把程式碼分成兩個 def 函式進行程式碼的撰寫，首先是演算法的部分，再來便是 TKinter 的部分。而在開始撰寫程式碼之前，我們都要先預想我們要畫出的 UI 介面最終會長什麼樣子、它應該要有什麼樣的功能，這樣才不會一邊開發程式碼，一邊才在想要添加什麼樣的功能，搞得自己手忙腳亂。

在這邊我預想的最終 UI 介面如下圖 4-3-1 所示，這是一個極其簡單，但功能又十足的 UI 介面，其中包括了三個部分：

1. 讓使用者選擇欲分析的檔案
2. 分析視覺化圖顯示區域
3. 結束 UI 介面

圖4-3-1

Step 1

新增一個 py 檔案，並將它命名為 simple_regression_UI-1.py。

Step 2

一樣要先安裝導入資料所需要使用到的套件。

```
1   import pandas as pd
2   from tkinter import *
3   from tkinter import filedialog
4   import matplotlib.pyplot as plt
5   from sklearn.linear_model import LinearRegression
6   from sklearn.model_selection import train_test_split
7   from matplotlib.backends.backend_tkagg import FigureCanvasTkAgg
8
```

圖 4-3-2

Step 3

套件安裝完成後，我們就要先建立第一個 def 函式，這是為了進行演算法分析用的，這邊我們將一步一步慢慢教導各位。

```
8
9   def analytics():
10
```

圖 4-3-3

先輸入 def analytics():，這個 analytics() 即是我們這個 def 函式的名稱。

Step 4

接著我們就要開始撰寫 analytics() 功能的程式碼，我們首先要做的是讓使用者可以選擇自己要分析的檔案，程式碼如圖 4-3-4 所示。我們在第三章撰寫各個行銷演算法的程式碼時，都是直接指定該程式碼的位置，不過我們現在開發這個 UI 就是要讓不會撰寫程式碼的同仁可以更直觀地進行操作，而他們操作這個 UI 的首要步驟無疑就是選擇他們欲分析的

檔案，因此第 12 行程式碼的 file_path 變數是用來存放我們要分析的檔案
其檔案路徑，而該如何呼叫檔案呢？那就是透過等號另一端的 filedialog.
askopenfilename()，效果如圖 4-3-5 所示。

```
9    def analytics():
10
11        # 選擇檔案後回傳檔案路徑與名稱
12        file_path = filedialog.askopenfilename()
```

（圖）4-3-4

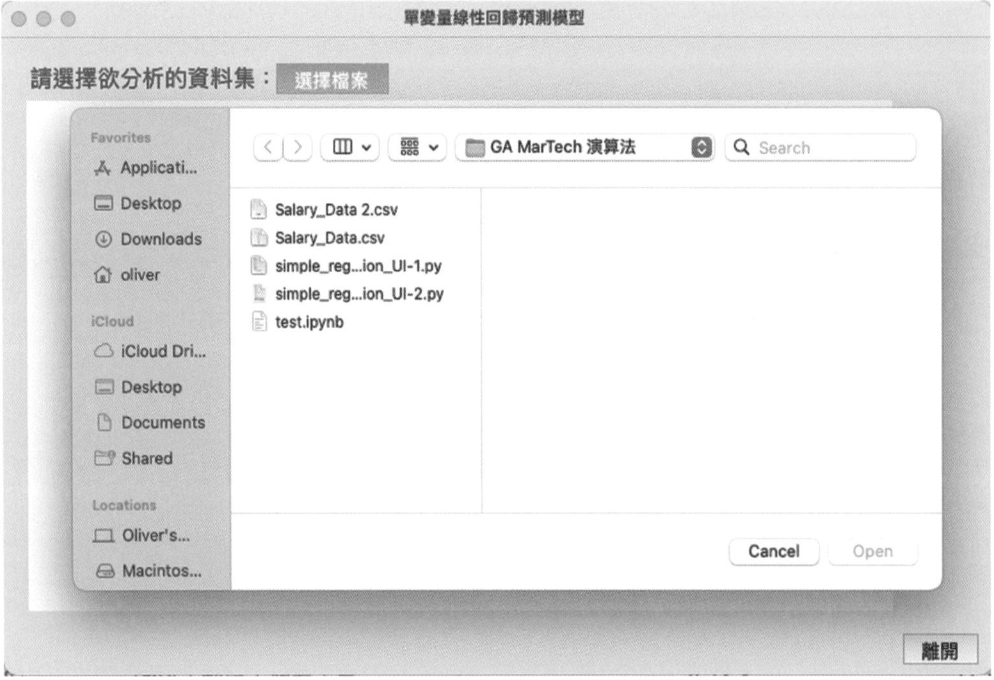

（圖）4-3-5

Step 5

處理完畢呼叫檔案位置的變數後，我們就可以直接將這個 file_path 變
數作為我們的檔案路徑，因此接下來我們只要將第三章中的「單變量線性

回歸」所撰寫的程式碼複製過來即可，並將其中的 Salary_Data.csv 改爲 file_path。程式碼如圖 4-3-6。

```python
9   def analytics():
10
11      # 選擇檔案後回傳檔案路徑與名稱
12      file_path = filedialog.askopenfilename()
13
14      # 導入資料集
15      dataset = pd.read_csv(file_path)
16      X = dataset.iloc[:, :-1].values
17      y = dataset.iloc[:, -1].values
18
19      # 將資料集拆分為「訓練集」和「測試集」
20      X_train, X_test, y_train, y_test = train_test_split(X, y, test_size = 1/3, random_state = 0)
21
22      # 建置回歸模型
23      regressor = LinearRegression()
24      regressor.fit(X_train, y_train)
25
26      # 繪圖
27      plt.plot(X_train, regressor.predict(X_train), color = 'blue', alpha=0.1)   # 訓練出的預測模型其回歸線
28      plt.scatter(X_test, y_test, color = 'red')   # 欲預測的數據集分佈圖
29      plt.title('Salary vs Experience (Training set)')
30      plt.xlabel('Years of Experience')
31      plt.ylabel('Salary')
32      canvas_spice.draw()   # 將圖放入 TKinter 我們預設的位置
```

圖 4-3-6

　　這邊各位可以發現其實程式碼撰寫過程幾乎與第三章「單變量線性回歸」所撰寫的程式碼大同小異，除了我在這邊將圖表繪製出的回歸線進行顏色上的淡化，及我將分布圖所使用的資料集改爲測試集部分外，唯一的差別就在於指定分析檔案的部分以及圖 4-3-6 程式碼中第 32 行的這段程式碼，canvas_spice.draw() 的用意是爲了將我們繪製出的回歸圖放入 TKinter 介面中。不過各位或許會覺得奇怪，因爲我們在上方都沒有打到 canvas 這個變數，且各位若現在打上圖中的第 32 行程式碼，其應該會呈現一個錯誤的符號（變數底下有波浪），沒錯，因爲 canvas 這個變數是在建置 UI 介面的那一個 def 才會設置到的，不過沒關係，各位先將第 32 行撰寫上去，我們在後續的部分將會進行說明。

Step 6

撰寫完畢演算法分析這個功能的程式碼後，我們就要開始來建置 TKinter UI 了。首先我們一樣要建立一個新的 def，我們這邊稱之為 main()，程式碼部分如圖 4-3-7 所示。

```
32     canvas_spice.draw()  # 將圖放入 TKinter
33
34   def main():
35
```

圖 4-3-7

Step 7

接著我們先透過 TKinter 的 Tk() 套件建立一個空白畫布，並將這個畫布存放至變數 background 之中。

```
37   def main():
38
39       # 啟動一個Tkinter，即設置一個空白畫布。
40       background = Tk()
41
```

圖 4-3-8

實際執行該行程式碼後，其效果如圖 4-3-9 所示。

圖 4-3-9

Step 8

　　畫布建立完成後我們就要來調整畫布的大小及畫布的名稱（現在的名稱如圖 4-3-9 上方所示爲 tk）。在這邊我們將畫布名稱命名爲「單變量線性回歸預測模型」，而設計的方式就是在畫布變數名稱後方寫一個 .title() 即可。

```python
37    def main():
38
39        # 啟動一個Tkinter，即設置一個空白畫布。
40        background = Tk()
41
42        # 設置視窗標題名稱
43        background.title('單變量線性回歸預測模型')
44
```

圖 4-3-10

實際執行該行程式碼後，其效果如圖 4-3-11 所示。

圖 4-3-11

更改畫布大小的方式與更改畫布名稱的方式也大同小異，在畫布變數名稱後方寫一個 .geometry() 即可。至於 geometry() 中所要存放的參數單位為「像素」，且長與寬之間要記得使用一個小寫的 x 來進行連接。程式碼撰寫部分如圖 4-3-12 所示。

```python
37    def main():
38
39        # 啟動一個Tkinter，即設置一個空白畫布。
40        background = Tk()
41
42        # 設置視窗標題名稱
43        background.title('單變量線性回歸預測模型')
44
45        # 調整視窗大小
46        background.geometry('800x500')
47
```

圖 4-3-12

而原本小小的畫布經過調整後即會得到圖 4-3-13 的效果，我這邊所撰寫的大小為 800×500，若想自行更改當然也都是可行的。

單變量線性迴歸預測模型

圖 4-3-13

Step 9

設置完畫布大小及名稱後，我們就可以開始來設計 UI 的內容了，我們先來設計第一個部分「請選擇欲分析的資料集」的標籤字樣，而我們要使用的套件即為 Label ()。

```
37  def main():
38
39      # 啟動一個Tkinter，即設置一個空白畫布，
40      background = Tk()
41
42      # 設置視窗標題名稱
43      background.title('單變量線性迴歸預測模型')
44
45      # 調整視窗大小
46      background.geometry('800x500')
47
48      # 文字標籤建立
49      Label(background, text='請選擇欲分析的資料集：',font = ('微軟雅黑',18),fg = 'blue').place(x = 20, y = 18)
50
```

圖 4-3-14

　　Label() 內的第一個參數即存放畫布的變數名稱，這樣程式碼才會知道要在哪一個地方建立一個文字標籤，接著第二個參數存放 text=「要呈現的文字內容」，第三個參數以後則是存放該文字的格式，例如標籤文字的顏色、字體、大小等等。至於在 Label() 後方還有一個 .place() 則是其字面上的意思，這邊各位可以多去嘗試最理想的 x 及 y 座標為何，並沒有絕對的答案。執行程式碼後的示意圖如下圖 4-3-15。

圖 4-3-15

Step 10

　　建置完文字標籤後，我們就要來設計這個 UI 內容的第二個部分，那就是「選擇檔案」按鈕的部分，要使用的套件為 Button()。

```
37  def main():
38
39      # 啟動一個Tkinter，即設置一個空白畫布。
40      background = Tk()
41
42      # 設置視窗標題名稱
43      background.title('單變量線性回歸預測模型')
44
45      # 調整視窗大小
46      background.geometry('800x500')
47
48      # 文字標籤建立
49      Label(background, text='請選擇欲分析的資料集：',font = ('微軟雅黑',18),fg = 'blue').place(x = 20, y = 18)
50
51      # 「選擇檔案」按鈕建立
52      # command = 要觸發的 def，在此要觸發上方演算法
53      Button(background, text='選擇檔案', font = ('微軟雅黑',15), command=analytics).place(x = 220, y = 18)
```

圖 4-3-16

　　Button() 內所要存放的參數跟 Label() 有些相似，不過在這邊要特別注意到其中一個參數 command=analytics。這個參數代表著，當我們點擊這個按鈕後所要執行的「功能」爲何。

　　雖然這個按鈕叫做「選擇檔案」，不過因爲我們現在所設計的 UI 較爲單純，當我們選擇完檔案後的下一個步驟即是顯示該檔案的預測結果，因此在這邊的這個按鈕除了選擇檔案以外，也會直接開始執行分析。這也正是爲什麼我們要將選擇檔案路徑的套件直接放置在演算法分析功能 (def analytics()) 中，如此一來當我們按下這個按鈕後其就會開始執行分析功能，而這個分析功能的第一步驟即是選擇檔案，如圖 4-3-5，這樣就達到我們的目的了，執行程式碼後的示意圖如下圖 4-3-17。

圖 4-3-17

Step 11

　　接著，我們來到設計 UI 的第三部分「視覺化圖表存放位置」。在第三章，我們學會如何繪製演算法分析後的視覺化圖表，不過當時所繪製的這個圖表，它是在程式碼編譯環境中顯示出來的，而現在我們必須將其做一個串聯的動作，讓這個圖表可以在 Tkinter 中顯示出來。程式碼如下圖 4-3-18 中第 52~58 行所示。

```
34    def main():
35
36        # 啟動一個Tkinter，即設置一個空白畫布。
37        background = Tk()
38
39        # 設置視窗標題名稱
40        background.title('單變量線性回歸預測模型')
41
42        # 調整視窗大小
43        background.geometry('800x500')
44
45        # 文字標籤建立
46        Label(background, text='請選擇欲分析的資料集：',font = ('微軟雅黑',18),fg = 'blue').place(x = 20, y = 18)
47
48        # 「選擇檔案」按鈕建立
49        # command = 要觸發的 def，在此要觸發上方演算法
50        Button(background, text='選擇檔案', font = ('微軟雅黑',15), command=analytics).place(x = 220, y = 18)
51
52        # 將變數化為全域變數
53        global canvas_spice
54
55        # 建立預測模型圖的預設位置
56        fig = plt.figure(figsize=(7, 4), dpi=100)
57        canvas_spice=FigureCanvasTkAgg(fig, background)
58        canvas_spice.get_tk_widget().place(x = 20, y = 50)
59
```

圖4-3-18

　　我們先來看圖表存放位置設置的部分（第 56~58 行）。我們先建立一個圖表存放的空間，並將其存放到 fig 變數。其中的 figsize 參數所要等於的是長及寬，單位為英寸，dpi 為設置圖形每一英寸的點數，即為畫布的像素。

　　canvas_spice 這個變數即是將這個圖表存放的位置放入我們的 TKinter 畫布之中，使用到的套件為 FigureCanvasTkAgg。而第 58 行程式碼則是調整這個圖形存放在畫布的位置。

　　至於第 53 行的 global canvas_spice 透過上方的註解，可以知道這是要進行全域變數的設置，那麼什麼是全域變數呢？先前有告訴各位，我們在進行這個章節的 UI 設計時將程式碼分成兩個功能，也就是透過兩個 def 來進行程式碼上的區分及撰寫，而只要我們使用到 def，那麼在一個 def 裡面所存放的變數就與另一個 def 無關，另一個 def 也無法呼叫到該變數。

　　但是當我們今天透過 global 這個工具時，就可以將這個 def 中的某個

變數作為「全域變數」，也就是說這個 def 的特定變數在其他的 def 也可以被呼叫。而在這段程式碼中這個特定變數即為「canvas_spice」。因此當各位撰寫上第 53 行程式碼時，我們第 32 行程式碼的出錯符號就消失了，因為此時它可以呼叫到另一個 def 的 canvas_spice 變數。執行程式碼後的示意圖如圖 4-3-19，圖中白色的一塊即為到時候視覺化圖表會出現的位置。

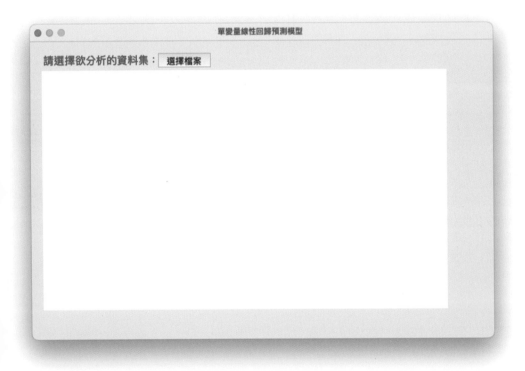

圖 4-3-19

Step 12

再來我們就要來設計 UI 的第四部分「結束分析」的按鈕設置。其實這塊也很簡單，就如同第二部分建立「選擇檔案」按鈕一樣，我們要建立一個按鈕來結束這個 UI 介面，因此程式碼撰寫方式與第二部分大同小

異，除了一些文字上及位置的調整之外，唯一的差別是在按完按鈕後的指令部分，即參數 command 的部分。

```
34   def main():
35
36       # 啟動一個Tkinter，即設置一個空白畫布。
37       background = Tk()
38
39       # 設置視窗標題名稱
40       background.title('單變量線性回歸預測模型')
41
42       # 調整視窗大小
43       background.geometry('800x500')
44
45       # 文字標籤建立
46       Label(background, text='請選擇欲分析的資料集：',font = ('微軟雅黑',18),fg = 'blue').place(x = 20, y = 18)
47
48       # 「選擇檔案」按鈕建立
49       # command = 要觸發的 def，在此要觸發上方演算法
50       Button(background, text='選擇檔案', font = ('微軟雅黑',15), command=analytics).place(x = 220, y = 18)
51
52       # 將變數化為全域變數
53       global canvas_spice
54
55       # 建立預測模型圖的預設位置
56       fig = plt.figure(figsize=(7, 4), dpi=100)
57       canvas_spice=FigureCanvasTkAgg(fig, background)
58       canvas_spice.get_tk_widget().place(x = 20, y = 50)
59
60       # 「離開」按鈕建立
61       # command = 要觸發的 def，在此要結束 UI
62       Button(background,text='離開',font = ('微軟雅黑',15),command=background.destroy).place(x = 725, y = 465)
63
```

圖 4-3-20

　　在這個步驟的參數 command 我們將它處理執行 background.destroy 的命令，將這個畫布「摧毀」，即關閉這個畫布。這就是與建立「選擇檔案」按鈕唯一的差異，效果如下圖 4-3-21。

請選擇欲分析的資料集：選擇檔案

離開

圖 4-3-21

Step 13

　　若各位按照步驟撰寫上述的程式碼，並有嘗試執行的話，會發現按下「執行」按鈕的那一剎那，UI 介面有跳出來，但為什麼卻一下子就消失了？

　　因為一行程式碼執行完畢後就會跳到下一行，而當最後一行程式碼執行完畢後就會結束執行，原本所呈現出的畫面也會終止。因此在這邊我們要為這個 UI 介面加一個「常亮」的功能，那就是 mainloop()，它能讓畫布始終保持顯示狀態直到我們按下「離開」按鈕。

```
34   def main():
35
36       # 啟動一個Tkinter，即設置一個空白畫布。
37       background = Tk()
38
39       # 設置視窗標題名稱
40       background.title('單變量線性回歸預測模型')
41
42       # 調整視窗大小
43       background.geometry('800x500')
44
45       # 文字標籤建立
46       Label(background, text='請選擇欲分析的資料集：',font = ('微軟雅黑',18),fg = 'blue').place(x = 20, y = 18)
47
48       # 「選擇檔案」按鈕建立
49       # command = 要觸發的 def，在此要觸發上方演算法
50       Button(background, text='選擇檔案', font = ('微軟雅黑',15), command=analytics).place(x = 220, y = 18)
51
52       # 將變數化為全域變數
53       global canvas_spice
54
55       # 建立預測模型圖的預設位置
56       fig = plt.figure(figsize=(7, 4), dpi=100)
57       canvas_spice=FigureCanvasTkAgg(fig, background)
58       canvas_spice.get_tk_widget().place(x = 20, y = 50)
59
60       # 「離開」按鈕建立
61       # command = 要觸發的 def，在此要結束 UI
62       Button(background,text='離開',font = ('微軟雅黑',15),command=background.destroy).place(x = 725, y = 465)
63
64       mainloop() #讓畫布始終處於顯示狀態
```

圖 4-3-22

Step 14

　　最後我們要來對這個程式碼進行驅動，我們先前所撰寫的都是各個功能的程式碼內容，但若我們按下執行按鈕後程式碼並不會自動地去觸發特定功能。因此我們這邊就在程式碼撰寫區域直接撰寫一個 main()，各位還記得 main() 是觸發 TKinter UI 的 def，且這個 main() 只有一個按鈕可以觸發 analytics() 演算法分析功能，那就是「選擇檔案」按鈕，因此在這邊我們只要驅動 main() 即可。

```
1    import pandas as pd
2    from tkinter import *
3    from tkinter import filedialog
4    import matplotlib.pyplot as plt
5    from sklearn.linear_model import LinearRegression
6    from sklearn.model_selection import train_test_split
7    from matplotlib.backends.backend_tkagg import FigureCanvasTkAgg
8
9    def analytics():
10
11       # 選擇檔案後回傳檔案路徑與名稱
12       file_path = filedialog.askopenfilename()
13
14       # 導入資料集
15       dataset = pd.read_csv(file_path)
16       X = dataset.iloc[:, :-1].values
17       y = dataset.iloc[:, -1].values
18
19       # 將資料集拆分為「訓練集」和「測試集」
20       X_train, X_test, y_train, y_test = train_test_split(X, y, test_size = 1/3, random_state = 0)
21
22       # 建置回歸模型
23       regressor = LinearRegression()
24       regressor.fit(X_train, y_train)
25
26       # 繪圖
27       plt.plot(X_train, regressor.predict(X_train), color = 'blue', alpha=0.1)   # 訓練出的預測模型其回歸線
28       plt.scatter(X_test, y_test, color = 'red')   # 欲預測的數據集分佈圖
29       plt.title('Salary vs Experience (Training set)')
30       plt.xlabel('Years of Experience')
31       plt.ylabel('Salary')
32       canvas_spice.draw()   # 將圖放入 TKinter 我們預設的位置
33
34   def main():
35
36       # 啟動一個Tkinter，即設置一個空白畫布。
37       background = Tk()
38
39       # 設置視窗標題名稱
40       background.title('單變量線性回歸預測模型')
41
42       # 調整視窗大小
43       background.geometry('800x500')
44
45       # 文字標籤建立
46       Label(background, text='請選擇欲分析的資料集：',font = ('微軟雅黑',18),fg = 'blue').place(x = 20, y = 18)
47
48       # 「選擇檔案」按鈕建立
49       # command = 要觸發的 def，在此要觸發上方演算法
50       Button(background, text='選擇檔案', font = ('微軟雅黑',15), command=analytics).place(x = 220, y = 18)
51
52       # 將變數化為全域變數
53       global canvas_spice
54
55       # 建立預測模型圖的預設位置
56       fig = plt.figure(figsize=(7, 4), dpi=100)
57       canvas_spice=FigureCanvasTkAgg(fig, background)
58       canvas_spice.get_tk_widget().place(x = 20, y = 50)
59
60       # 「離開」按鈕建立
61       # command = 要觸發的 def，在此要結束 UI
62       Button(background,text='離開',font = ('微軟雅黑',15),command=background.destroy).place(x = 725, y = 465)
63
64       mainloop()   #讓畫布始終處於顯示狀態
65
66   main()
```

圖 4-3-23

　　跟著上述步驟撰寫完畢程式碼後，我們按下執行按鈕即可選擇檔案進行單變量線性回歸分析，並產生分析圖表，效果如下圖 4-3-24 所示。

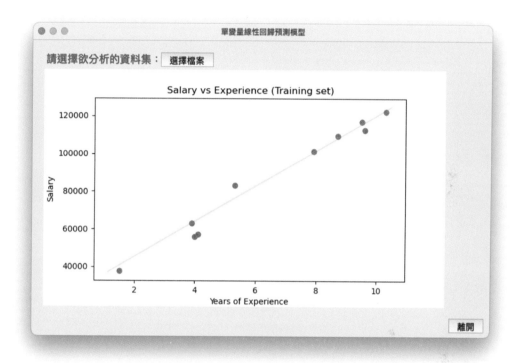

圖 4-3-24

　　Google Analytics 從 2012 年發展至今已橫跨超過十年，Python 從 1991 年發展至今甚至更超過了三十年，但究竟有多少分析師有將 GA 數據的價值加以昇華？有多少行銷人員將他們現有的知識融入大數據預測模型來爲自己加值呢？透過本書的介紹，一路從如何將 GA 替我們收集到的網站數據提取出來，到透過 Python 程式語言自己撰寫預測演算模型，我們所教授的「方法」想必各位讀者已經學會了，不過要應用自家 GA 的什麼數據來進行什麼樣的分析，這就要看各位讀者的功力了。因爲讀這本書的每一位讀者都擁有不同的背景、在不同的領域打拚著，自然而然所需達到的目的也不盡相同，若僅拿 GA 提取出的特定幾項資料維度來進行演算法模型的程式撰寫，反而會限制各位讀者的學習範圍；也因爲 GA 替我們收集到的網站資料太多了，所以更無法透過特定的維度詮釋整個 GA 資料拿來建置預測模型的效果。因此雖然本書僅僅傳遞這些工具的使用方法給各位讀者，但透過不斷練習，融入現有的數據集，想必各位都可以成爲一位優秀的行銷人員！

國家圖書館出版品預行編目(CIP)資料

GA流量預測大揭祕：輕鬆學會MarTech演算法／
梁崴，鄭江宇著. -- 初版. -- 臺北市：五
南圖書出版股份有限公司，2024.2
面； 公分
ISBN 978-626-366-729-7(平裝)

1.CST: 網路使用行為　2.CST: 資料探勘
3.CST: 演算法

312.014　　　　　　　　　　112017592

1F2M

GA流量預測大揭祕：輕鬆學會MarTech演算法

作　　者 ― 梁　崴　鄭江宇

責任編輯 ― 唐　筠

文字校對 ― 許馨尹　黃志誠

封面設計 ― 姚孝慈

發 行 人 ― 楊榮川

總 經 理 ― 楊士清

總 編 輯 ― 楊秀麗

副總編輯 ― 張毓芬

出 版 者 ― 五南圖書出版股份有限公司

地　　址：106台北市大安區和平東路二段339號4樓

電　　話：(02)2705-5066　　傳　　真：(02)2706-6100

網　　址：https://www.wunan.com.tw

電子郵件：wunan@wunan.com.tw

劃撥帳號：01068953

戶　　名：五南圖書出版股份有限公司

法律顧問　林勝安律師

出版日期　2024年2月初版一刷

定　　價　新臺幣380元

經典永恆・名著常在

五十週年的獻禮——經典名著文庫

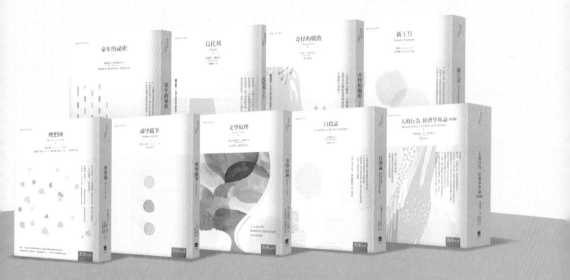

五南，五十年了，半個世紀，人生旅程的一大半，走過來了。

思索著，邁向百年的未來歷程，能為知識界、文化學術界作些什麼？

在速食文化的生態下，有什麼值得讓人雋永品味的？

歷代經典・當今名著，經過時間的洗禮，千錘百鍊，流傳至今，光芒耀人；

不僅使我們能領悟前人的智慧，同時也增深加廣我們思考的深度與視野。

我們決心投入巨資，有計畫的系統梳選，成立「經典名著文庫」，

希望收入古今中外思想性的、充滿睿智與獨見的經典、名著。

這是一項理想性的、永續性的巨大出版工程。

不在意讀者的眾寡，只考慮它的學術價值，力求完整展現先哲思想的軌跡；

為知識界開啟一片智慧之窗，營造一座百花綻放的世界文明公園，

任君遨遊、取菁吸蜜、嘉惠學子！